Taghreed Hashim Al-Noor
Abaas Obaid Hussein
Amer Jabar Jarad

Complexos de Ligandos Mistos de Sacarina e Antibióticos B-Lactâmicos

Taghreed Hashim Al-Noor
Abaas Obaid Hussein
Amer Jabar Jarad

Complexos de Ligandos Mistos de Sacarina e Antibióticos B-Lactâmicos

ScienciaScripts

Imprint
Any brand names and product names mentioned in this book are subject to trademark, brand or patent protection and are trademarks or registered trademarks of their respective holders. The use of brand names, product names, common names, trade names, product descriptions etc. even without a particular marking in this work is in no way to be construed to mean that such names may be regarded as unrestricted in respect of trademark and brand protection legislation and could thus be used by anyone.

Cover image: www.ingimage.com

This book is a translation from the original published under ISBN 978-3-659-32776-6.

Publisher:
Sciencia Scripts
is a trademark of
Dodo Books Indian Ocean Ltd. and OmniScriptum S.R.L publishing group

120 High Road, East Finchley, London, N2 9ED, United Kingdom
Str. Armeneasca 28/1, office 1, Chisinau MD-2012, Republic of Moldova, Europe
Printed at: see last page
ISBN: 978-620-8-36501-1

Conteúdo

Introdução geral

Os ligandos quelantes no domínio da química de coordenação e os seus complexos metálicos são de grande interesse desde há muitos anos. É bem conhecido que os átomos de N, S e O desempenham um papel fundamental na coordenação de metais nos locais activos de numerosas metalobiomoléculas. Os ligandos quelantes que contêm átomos dadores de O, N e S apresentam uma ampla atividade biológica e são de especial interesse devido à variedade de formas de ligação aos iões metálicos[1].

Muitos compostos biologicamente activos utilizados como medicamentos possuem potenciais farmacológicos e toxicológicos modificados quando administrados sob a forma de compostos à base de metais. Vários iões metálicos potencialmente e habitualmente utilizados são o cobalto, o cobre, o níquel e o zinco, porque formam complexos de baixo peso molecular e, por conseguinte, revelam-se mais benéficos contra várias doenças[2].

O tratamento das doenças infecciosas continua a ser um problema importante e difícil devido a uma combinação de factores, incluindo as doenças infecciosas emergentes e o número crescente de agentes patogénicos microbianos multirresistentes. Apesar de existir um grande número de antibióticos e quimioterápicos disponíveis para utilização médica, o aparecimento de antigas e novas resistências aos antibióticos nas últimas décadas revelou uma necessidade médica substancial de novas classes de agentes antimicrobianos.

Alguns metais têm sido utilizados como medicamentos e agentes de diagnóstico para tratar uma série de doenças e afecções. Os compostos de platina, a cisplatina (cis- $[Pt(NH)_{32}Cl_2]$), a carboplatina e a oxaloplatina contam-se entre os agentes terapêuticos contra o cancro mais utilizados[3].

1.1.1. Complexos metálicos no organismo

O domínio da química bioinorgânica, que se ocupa do estudo do papel dos complexos metálicos nos sistemas biológicos, abriu um novo horizonte para a investigação científica em compostos de coordenação. Um grande número de compostos são importantes do ponto de vista biológico. Alguns metais são essenciais para as funções biológicas e encontram-se em enzimas e cofactores necessários para vários processos. Por exemplo, a hemoglobina nos glóbulos vermelhos contém um complexo de porfirina de ferro Figura (1-1), que é utilizado para o transporte e armazenamento de oxigénio no corpo. A clorofila nas plantas verdes, que é responsável pelo processo fotossintético, contém um complexo de clorofila nas plantas verdes. O cobalto encontra-se na coenzima B12 Figura (1-2), que é essencial para a transferência de grupos alquilo de uma molécula para outra em sistemas biológicos.

Metais como o Cobre, o Zinco, o Ferro e o Manganês são incorporados em proteínas catalíticas (as metaloenzimas), que facilitam uma multiplicidade de reacções químicas necessárias à vida.

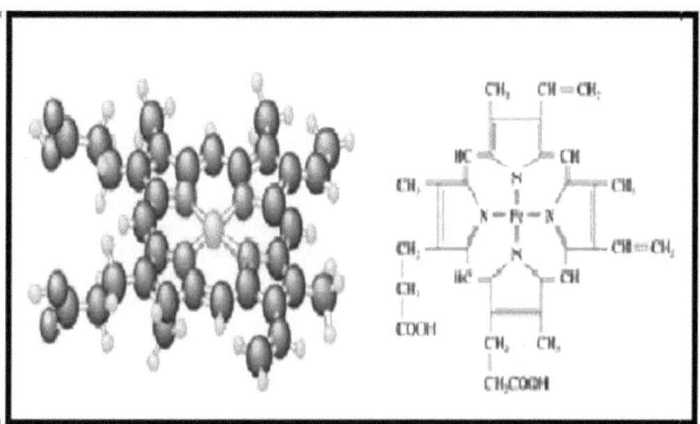

Figura (1-1): Ligando a porfirina de ferro (complexo hemi)

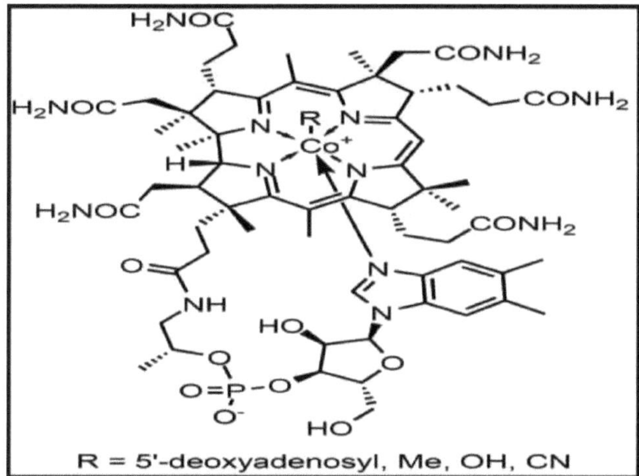

Figura (1-2): Coenzima B12 α-

(5, 6-dimetilbenzimidazolil) Cobamidcianida

De um modo geral [2,3], as combinações de medicamentos provaram ser uma caraterística essencial do tratamento antimicrobiano devido a uma série de considerações importantes:

(1) Aumentam a atividade através da utilização de compostos com atividade sinérgica ou aditiva.

(2) Evitam a resistência aos medicamentos.

(3) Diminuem as doses necessárias, reduzindo tanto os custos como a probabilidade de efeitos secundários tóxicos.

(4) Aumentam o espetro de atividade.

Vários aspectos biológicos dos fármacos/ligandos de base metálica dependem inteiramente da facilidade de clivagem da ligação entre o ião metálico e o ligando [3].

Por conseguinte, é essencial compreender a relação entre o ligando e o metal nos sistemas biológicos. A atividade farmacológica dos complexos metálicos depende muito da natureza dos iões metálicos e da sequência doadora dos ligandos, uma vez que ligandos diferentes apresentam propriedades biológicas diferentes. Existe uma necessidade real de descobrir novos compostos dotados de actividades antimicrobianas [4].

Os compostos recém-preparados devem ser mais eficazes e possivelmente atuar através de um mecanismo distinto do de classes bem conhecidas de agentes antimicrobianos aos quais muitos agentes patogénicos clinicamente relevantes são agora resistentes[5,6].

Os iões metálicos ligam-se a ligandos em alguns processos, e oxidam e reduzem em sistemas biológicos. O metal mais importante presente no corpo é o ferro, que desempenha um papel central em todas as células vivas. Geralmente, os complexos de ferro são utilizados no transporte de oxigénio no sangue e nos tecidos. O grupo hemi é um complexo metálico, com o ferro como átomo metálico central, que se liga ou liberta oxigénio molecular [7].

1.1.2. Complexos metálicos no tratamento do cancro

Os complexos metálicos ocupam uma posição de destaque na química medicinal. A utilização terapêutica de complexos metálicos no cancro e na leucemia é relatada desde o século XVI. Em 1960 foi descoberto um complexo inorgânico de cis-platina Figura (1-3), hoje com mais de 50 anos [8].

Continua a ser um dos medicamentos anticancerígenos mais vendidos no mundo. Os complexos metálicos formados com outros metais, como o cobre, o ouro, o gálio, o germânio, o estanho, o ruténio e o irídio, apresentaram uma atividade antitumoral significativa em animais. A formação de aductos de ADN com células cancerígenas resulta na inibição da replicação do ADN. No tratamento do cancro do ovário, os compostos de ruténio que contêm ligandos de aril azopiridina apresentam atividade citotóxica. Hoje em dia, os complexos metálicos sob a forma de nano-conchas são utilizados no tratamento de vários tipos de cancro [9].

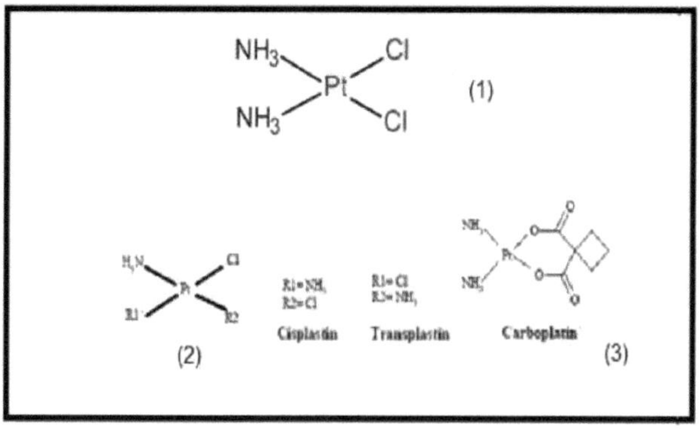

Figura (1-3): Cis-platina e transplatina

1.1.3. Complexos metálicos em doenças neurológicas

Os complexos metálicos desempenham também um papel fundamental no tratamento de várias doenças neurológicas. O lítio em complexo com moléculas de fármacos pode curar muitas doenças nervosas, como a coreia de Huntington, o parkinsonismo, as doenças cerebrais orgânicas, a epilepsia e a paralisia, etc. Outros metais de transição, como o cobre e o zinco, estão envolvidos como transmissores na via de sinalização neuronal [9,10].

1.1.4. Complexo metálico na diabetes

Na diabetes, a ingestão de um complexo metálico de crómio mostrou uma redução considerável do nível de glicose. Complexo de zinco mimético da insulina com diferentes estruturas de coordenação e com um efeito de redução da glucose no sangue para tratar a diabetes tipo 2 [11].

1.1.5. Complexos metálicos na terapia

1.1.5.1. Complexos metálicos com bases de Schiff

A caraterística estrutural comum destes compostos é o grupo azometina com uma fórmula geral RHC=N-R', em que R e R' são grupos alquilo, arilo, cicloalquilo ou heterocíclico que podem ser substituídos de várias formas. O amoníaco ou as aminas primárias foram adicionados ao grupo carbonilo do aldeído ou da cetona para dar origem a hemi aminais (também designados por "amonias de aldeído") que se decompõem em iminas ou bases de Schiff, como se mostra a seguir [12], conforme ilustrado na Figura (1-4).

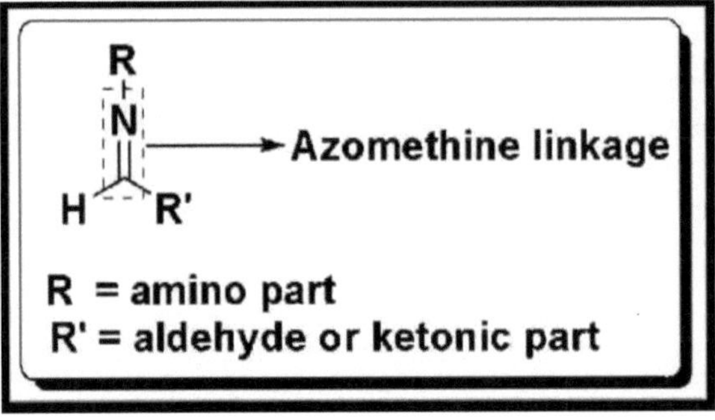

Figura (1-4): Preparação de bases de Schiff

Os complexos de bases de Schiff continuam a atrair muitos investigadores devido à sua vasta aplicação na indústria alimentar, na indústria de corantes, na química analítica, na catálise, na atividade antimicrobiana e na aplicação farmacológica como antitumoral, antifúngica, antibacteriana e antimicrobiana, etc. As bases de Schiff são intermediários importantes para a síntese de alguns compostos bioactivos, como as β-lactamas (Anacona, 2006) [13], e são utilizadas como ligandos para a complexação de iões metálicos. Entre estes novos complexos metálicos, os derivados que apresentam uma atividade biológica considerável podem representar uma abordagem interessante para a conceção de novos fármacos antibacterianos. Isto pode dever-se à dupla possibilidade de ambos os ligandos e o ião metálico interagirem com diferentes fases do ciclo de vida do agente patogénico [14]. Ver Tabela (1-1)

Tabela (1-1): Algumas aplicações dos complexos de bases de Schiff

Complexo metálico Atividade	Base de Schiff - Arsénio
Complexo antifúngico	Base de Schiff-Antimónio
Complexo antifúngico	Base de Schiff-Bismuto
Complexo antifúngico	Base de Schiff - Prata
Antiviral complexo	Base de Schiff-Cobalto
Complexo	Corantes para dar cor aos couros

Em (2010), Suresh e Prakash [15], sintetizaram uma nova figura de Schiffbase bidentada (1-

5) a partir de 1-fenil-2,3-dimetil-4-aminopirazol-5-ona (4-aminoantipireno) e a vanilina forma complexos estáveis com iões de metais de transição como Cr (III), Mn (II), Co (II), Ni (II), Cu (II), Zn (II) e Cd (II). As suas estruturas foram investigadas por análise elementar, espetroscopia de infravermelhos, espetroscopia eletrónica, espetroscopia de RMN, análise termogravimétrica e espetroscopia de ressonância de spin eletrónico.

Com base nos estudos, ficou provado que os locais de coordenação se situam através do oxigénio do anel C= O e do azoto do grupo azometina CH=N. Os estudos microbiológicos revelaram a natureza antibacteriana dos complexos; Figura (1-6).

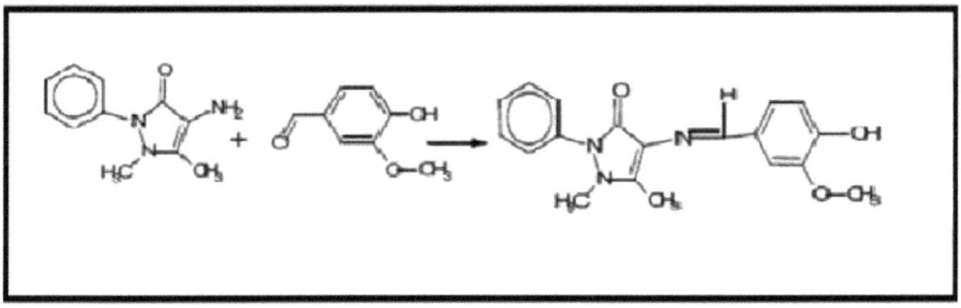

Figura (1-5): Estrutura e preparação do ligando de base de Schiff

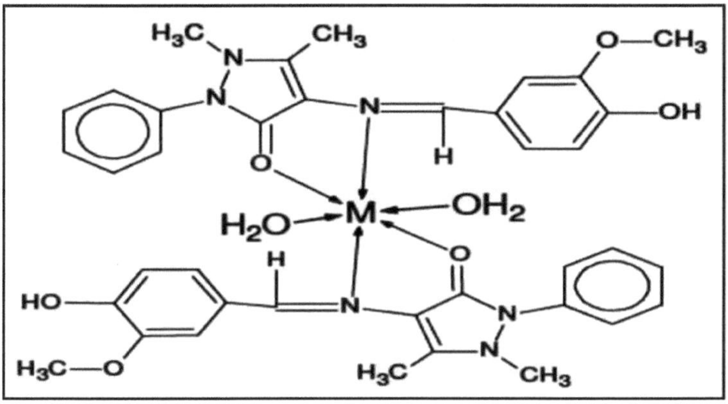

Figura (1-6): Estrutura dos complexos de 1-fenil-2,3-dimetil-4-aminopirazol-5-ona (4-aminoantipireno) e vanilina

M(II)= Cr (III), Mn (II), Co (II), Ni (II), Cu (II), Zn (II) e Cd (II)

Sivagamasundari e Ramesh (2007)[16] referiram que a reação do ligando quelante com[RuHCl(CO)(EPh)$_{32}$ (B)]. (em que E=P;B=PPh$_3$,py ou pip) Figura (1-7)em benzeno deu origem a novos complexos estáveis de ruténio(II)carbonilo. A eficiência luminescente dos complexos de ruténio (II) foi explicada com base no ambiente ligante em torno do ião metálico. Estes compostos catalisam a oxidação do álcool primário e secundário nos seus correspondentes compostos carbonílicos na presença de N-metil morfolina-N-óxido (NMO) como fonte de oxigénio [16].

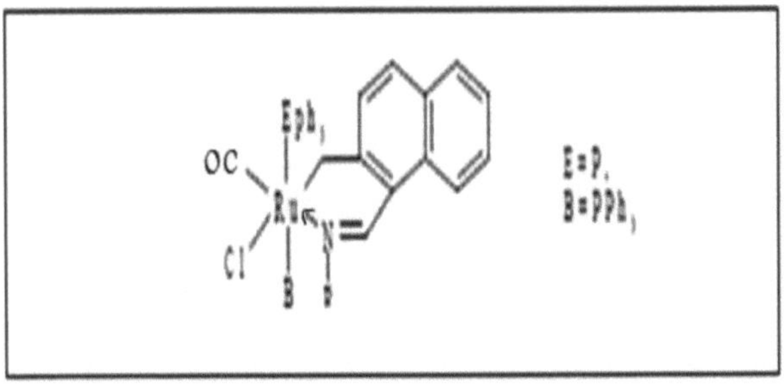

Figura (1-7): Complexo [RuHCl (CO)(EP h3)2(B)].

Osowole e Akpan (2012)[17], relataram a base de Schiff, 3-{[(4,6- dimetoxipirimidina-2-il)imino]metil}naftaleno-2-ol, Figura (1-8) e os seus complexos VO(II), Mn(II), Co(II), Ni(II), Cu(II), Zn(II) e Pd(II) foram sintetizados e caracterizados por espectroscopias de infravermelhos, electrónicas e[1] H-NMR, análise elementar e medidas de condutância. O ligando coordenou-se aos iões metálicos através dos átomos de azometina N e fenol O, resultando numa geometria quadrado-piramidal de 5 coordenadas para o complexo de VO(II) e numa geometria quadrado-plana/tetraédrica de 4 coordenadas para os complexos de Mn(II), Co(II), Ni(II), Cu(II) e Zn(II). Os complexos não eram electrólitos em nitro metano e fundiram-se no intervalo de temperatura 240-352°C. Os estudos anticancerígenos in vitro revelam que os complexos de Pd (II) e Cu (II) tiveram a melhor atividade anticancerígena contra as células MCF-7 (adenocarcinoma da mama humano) com valores de IC de 3,89 µM e 504.90 µM, que estavam dentro da mesma ordem de atividade que a cis-platina; e a atividade do complexo Pd(II) contra as células HT-29 (carcinoma do cólon) foi a melhor, sendo aproximadamente da mesma ordem que a cis-platina (7,0 µM) com um IC de 6,69 50µM. Os estudos antimicrobianos mostraram que o ligando e o complexo de Zn (II) exibiram atividade antibacteriana de largo espetro contra *P. mirabilis*, *B. subtilis*, *B. cereus* e *S. typhi* com zonas inibitórias de (7,0-21,0) mm e (10,0-19,0) mm, respetivamente.

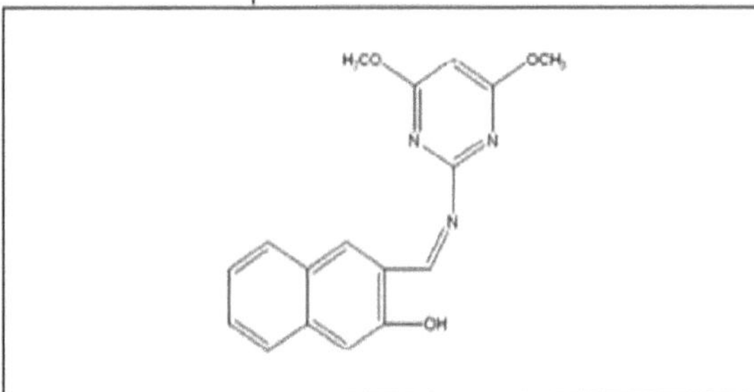

Figura (1-8):3-{[(4, 6-dimetoxi pirimidin-2-il) imino].metil} naftalen-2-ol

Raj e She et al (2013) [18], relataram complexos de titânio (IV) de composição [$TiCl_2$ $(SB)_2$], foram sintetizados pela reação de $TiCl_4$ e bases de Schiff (SBs) onde (SBs: A_1 (base de Schiff do cloridrato de tetraciclina) ;B_1(base de Schiff da estreptomicina);C_1(base de Schiff da cefixima);D_1(base de Schiff da ampicilina) em razão molar fixa 1:2. A estimativa do titânio e do cloro foi efectuada por gravimetria. Estes foram caracterizados por técnicas de espetroscopia de massa, FT-IR, UV-visível e[1] H-NMR. Os complexos sintetizados foram analisados e testados quanto à sua atividade antimicrobiana contra estirpes de bactérias patogénicas.

1.1.5.2. Complexos metálicos como agentes antimicrobianos

Os complexos metálicos têm poderosos efeitos antimicrobianos, tais como cremes anti-sépticos de zinco, fármacos de bismuto para o tratamento de úlceras e aglomerados metálicos como fármacos anti-VIH [1].

Uma série de compostos antibacterianos e antifúngicos derivados de aminoácidos e os seus complexos metálicos de Cobalto(II), Cobre(II), Níquel(II) e Zinco(II) foram sintetizados e caracterizados pelas suas análises elementares, condutância molar, momentos magnéticos, IR e medições espectrais electrónicas. Os ligandos (L -L_{15}), Figura (1-9), foram obtidos por condensação de *β-dicetonas* com glicina, fenilalanina, valina, alanina e histidina e actuam como bidentados em relação aos iões metálicos (Cobalto, Cobre, Níquel e Zinco) através da azometina-N e da desprotonada-O do respetivo aminoácido. Os ligandos sintetizados, juntamente com os seus complexos metálicos (II), Figuras (1-10), foram analisados quanto à sua atividade antibacteriana in vitro contra quatro gram-negativos (*Escherichia coli, Shigellaflexeneri, Pseudomonas aeruginosa, e Salmonella typhi*) e duas estirpes bacterianas gram-positivas (*Bacillus subtilis* e *Staphylococcus aureus*) e para a atividade antifúngica in vitro contra *Trichophytonlongifususus, Candida albicans, Aspergillusflavus, Microsporumcanis, Fusariumsolani e Candida glaberata.* Os resultados destes estudos mostram que os complexos de metal(II) são mais antibacterianos/antifúngicos contra uma ou mais espécies em comparação com os ligandos não complexados.

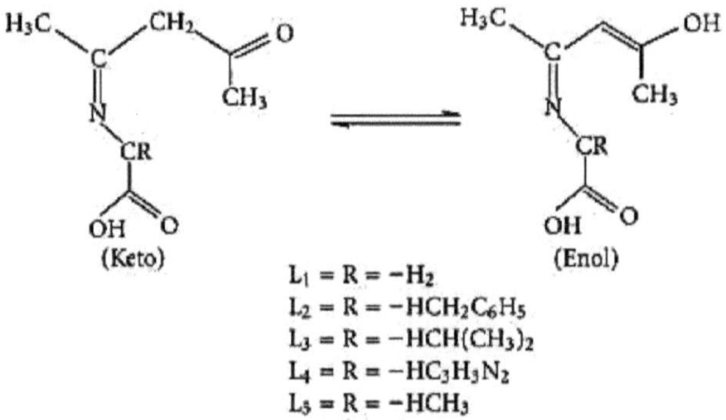

(Keto) (Enol)

$L_1 = R = -H_2$
$L_2 = R = -HCH_2C_6H_5$
$L_3 = R = -HCH(CH_3)_2$
$L_4 = R = -HC_3H_3N_2$
$L_5 = R = -HCH_3$

Figura (1-9): Os ligandos (L -L$_{15}$) foram obtidos por condensação de *β-dicetonas* com glicina, fenilalanina, valina e histidina

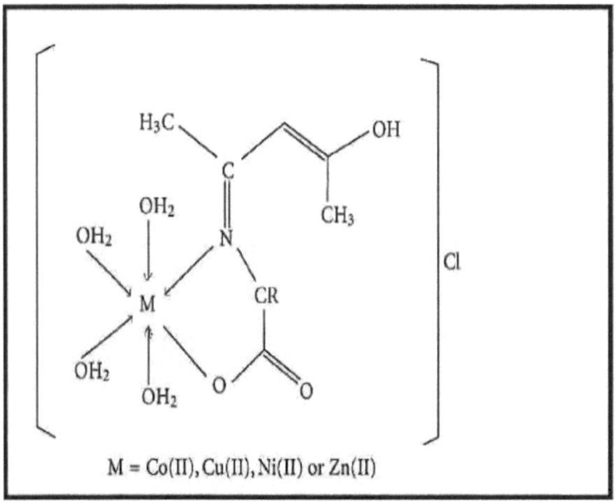

M = Co(II), Cu(II), Ni(II) or Zn(II)

Figuras (1-10): Complexos de Schiff (L -L)$_{15}$

Nair, et al(2012)[20], relataram os complexos de Co(II), Ni(II), Cu(II) e Zn(II) Figura (1-11) da base de Schiff derivada de indol-3-carboxaldeído e ácido m-aminobenzóico foram sintetizados e caracterizados por análise elementar, condutância molar, IR, UV-Vis e momento magnético. A atividade antimicrobiana do ligando sintetizado e dos seus complexos foi analisada pelo método de difusão em disco. Os resultados mostram que os complexos metálicos são mais activos do que o ligando.

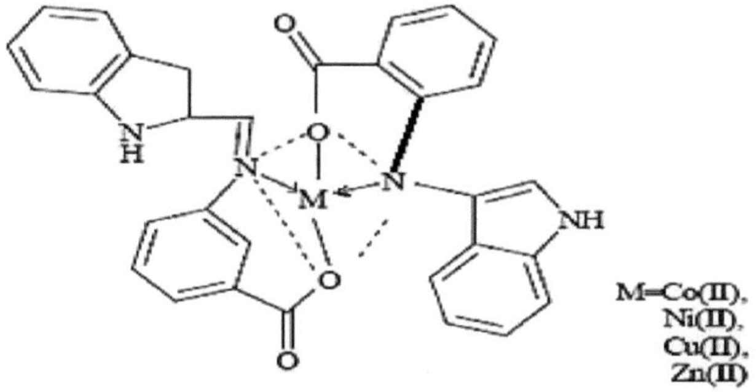

Figura (1-11): Complexos da base de Schiff derivados do indol-3-carboxaldeído e do ácido m-aminobenzóico

1.1.5.3. Complexos metálicos com antibióticos

O sistema de classificação mais útil, baseado nas estruturas químicas, é o seguinte para os antibióticos:

- Antibióticos β-lactâmicos
- Sulfonamidas.
- Macrólidos.
- Penicilinas.
- Aminoglicosídeos.
- Amphenicols.
- Quinolonas.
- norfloxacina.

Cada classe é composta por muitos medicamentos com estruturas semelhantes [21].

antibióticos de a-β-lactama:

Os β-lactâmicos são uma família de antibióticos que se caracterizam pela presença do anel β-lactâmico Figura (1-12). São uma família diversa e variada que inclui as penicilinas, as cefalosporinas e os carbapenemes, e são os antibióticos mais frequentemente prescritos na Europa Molstad *et al* (2002)[22]. Coletivamente, os β-lactâmicos têm atividade contra organismos gram-negativos e gram-positivos, incluindo anaeróbios. As penicilinas, apesar de terem sido um dos primeiros antibióticos descobertos, continuam a ser um dos antibióticos mais frequentemente prescritos, em especial para as infecções do trato urinário (ITU), em grande parte devido às suas elevadas taxas de absorção Holten e Onsuko(2000)[23]. Para infecções mais complicadas ou resistentes, as cefalosporinas são frequentemente prescritas devido ao seu espetro de atividade mais amplo.

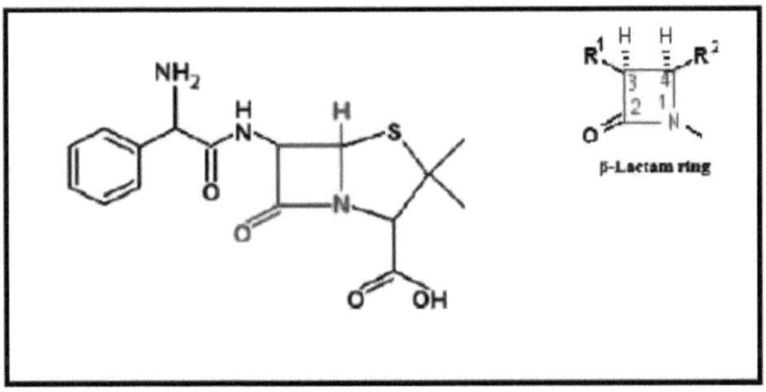

Figura (1-12): Estrutura primária da ampicilina.

Em (2000), Zahid et al[24], relataram alguns complexos de Co(II),Cu(II), Ni(II) e Zn(II) do fármaco antibacteriano cefradina foram preparados e caracterizados pelos seus dados físicos, espectrais e analíticos. A cefradina actua como bidentado e os complexos têm composições,[M(L) X_{22}], onde,[M=Co(II), Ni(II) e Zn(II), L=cefradina e $X=CI_2$], mostram geometria octaédrica, e , $[M(L)_2]$, onde, [M=Cu(II), L=cefradina], mostram geometria quadrada planar. A fim de avaliar o efeito dos iões metálicos na quelação, a cefradina e os seus complexos foram analisados quanto à sua atividade antibacteriana contra estirpes bacterianas, *Escherichia coli*, *Staphylococcusaureus* e *Pseudomonas aeruginosa*, Figura (1-13).

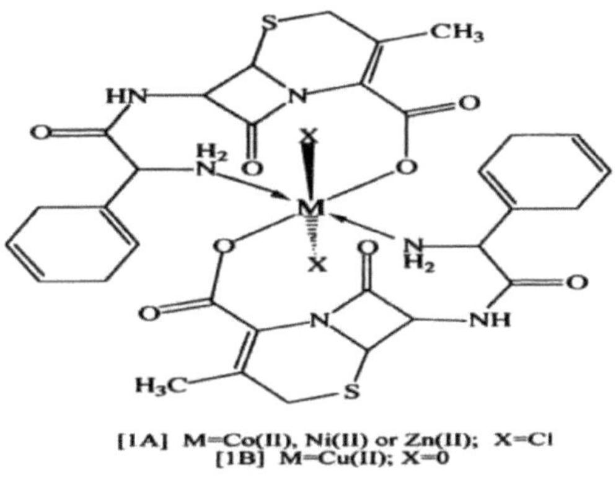

[1A] M=Co(II), Ni(II) or Zn(II); X=Cl
[1B] M=Cu(II); X=O

Figura (1-13): Estrutura do medicamento antibacteriano cefardina

As metalo-β-lactamases (mbl) Figura (1-14) e a fosfotriesterase (PTE) são enzimas de Zinco(II) que hidrolisam os antibióticos β-lactâmicos e os organofosfotriésteres tóxicos, respetivamente. Estes complexos de Zinco(II) foram estudados quanto às suas actividades de mbl e PTE. Os antibióticos β-lactâmicos são a classe de antibióticos mais utilizada, e as enzimas bacterianas que hidrolisam estes antibióticos são conhecidas como β-lactamases. As β-lactamases são classificadas em serina-β-lactamases (sbl) e metalo- β-lactamases (mbl). As serina-β-lactamases possuem um resíduo de serina no sítio ativo que é essencial para a sua atividade hidrolítica. Atualmente, são conhecidos os inibidores do sbl, nomeadamente o ácido clavulânico, o sulbactam e o tazobactam. No entanto, as bactérias desenvolveram as metalo-β-lactamases contendo zinco(II) que são capazes de hidrolisar uma variedade de antibióticos β-lactâmicos, incluindo a última geração de cefalosporinas e carbapenemes (por exemplo, imipenem)[25,26].

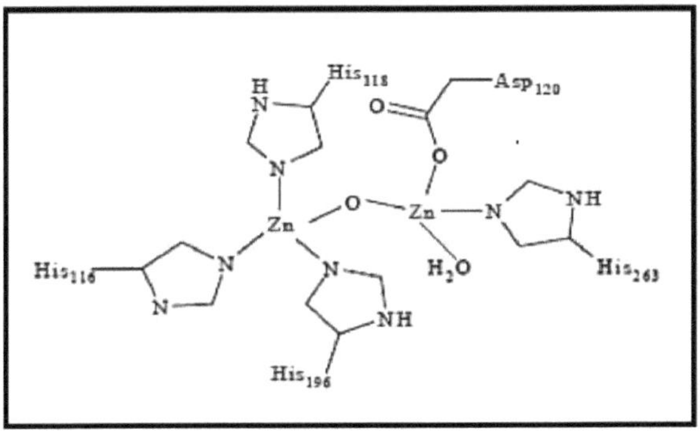

Figura (1-14): Complexo [Zn(lactamase)

b. Tetraciclina

Chartone-Souza, et al. (2005)[27], relataram a síntese de complexos de platina (II) com tetraciclina. Um complexo de tetraciclina Pt(II) Figura (1-15) revelou-se tão eficaz como o ligando isolado contra estirpes bacterianas de *Escherichia coli*. Além disso, este complexo é seis vezes mais potente contra *a Escherichia coli* do que a tetraciclina livre[27].

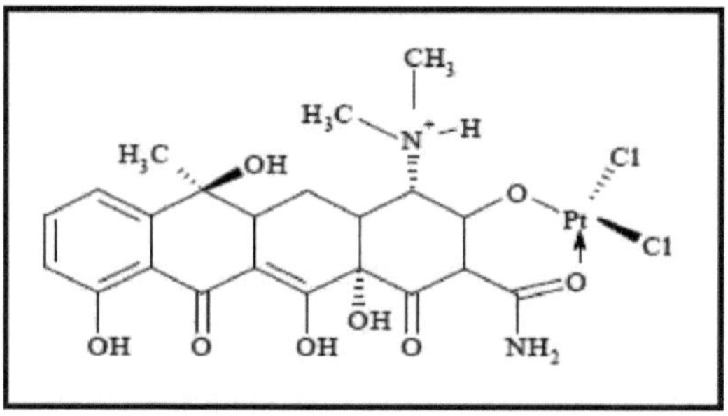

Figura (1-15): Complexo [Pt(tetraciclina)].

c. Cloranfenicol

Pranay(2009)[2 8], efectuou a síntese do metal Vanadato com ligandos orgânicos, o esquema de síntese descreve o Níquel(II) com cloranfenicol (C H_{1112} Cl N_{22} O_{s}) na presença de Vandato. O complexo Figura (1-16) foi sintetizado e caracterizado utilizando métodos analíticos e espectrais como o infravermelho, TGA, XRD, [28].

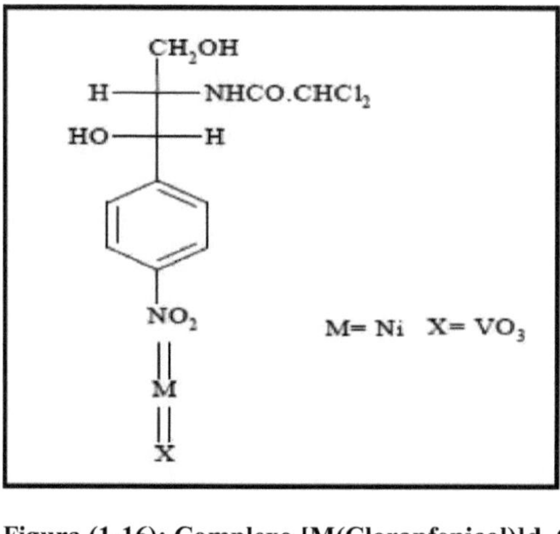

Figura (1-16): Complexo [M(Cloranfenicol)]d. Cefalosporinas

As cefalosporinas são classificadas como antibióticos β-lactâmicos e são amplamente utilizadas na terapia clínica para o tratamento de infecções graves, devido à sua atividade antibacteriana [29,30]. Entre os vários mecanismos pelos quais as bactérias desenvolvem resistência aos antibióticos β-lactâmicos, o mais comum é a elaboração da enzima β-lactamase, que hidrolisa o anel β-lactâmico. Um segundo mecanismo é através da alteração das proteínas de ligação à penicilina (PBPs), que se encontram como enzimas ligadas à membrana e citoplasmáticas que catalisam reacções de ligação cruzada na síntese da parede celular bacteriana [31,32].

As PBPs são alvos dos antibióticos β-lactâmicos, que interferem com a síntese da parede celular ligando-se covalentemente ao local catalítico. A maioria das espécies bacterianas produz várias PBPs, que diferem em termos de peso molecular, afinidade para a ligação aos antibióticos β-lactâmicos e função enzimática (por exemplo, trans-peptidase, carboxi-peptidase ou endo-peptidase). As PBPs são geralmente classificadas em categorias de elevado peso molecular e de baixo peso molecular [31,32].

Anacona e Rodriguez (2004)[33], relataram a síntese e a atividade antibacteriana da cefatoxima. Diferentes metais ligam-se à cefatoxima e apresentam uma atividade antibiótica que é mostrada na Figura (1-17). Metais como Mn (II), Fe (II), Co (II), Ni (II), Cu (II) e Cd (II). O estudo antibacteriano dos complexos de Cefatoxima de Cu (II) e Cefatoxima de Zn (II) demonstrou que a complexação da Cefatoxima com estes metais aumenta significativamente a sua atividade em comparação com a Cefatoxima isolada. Verificou-se que o complexo [Cu(Cefatoxima) Cl] tem uma atividade mais elevada do que a da cefatoxima contra as estirpes bacterianas estudadas nas condições de ensaio, mostrando que tem uma boa atividade como bactericida.

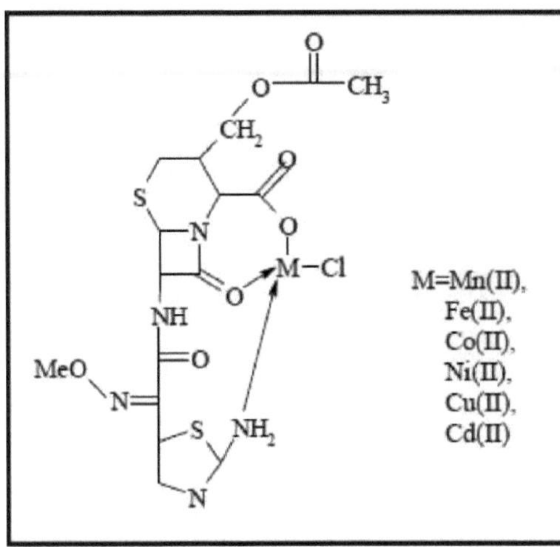

Figura (1-17): Complexos [M(Cefatoxima)].

Anacona, et al [34-39], mencionaram que a interação dos antibióticos com iões de metais principais e de transição atraiu a atenção e obrigou a combinar a sua química para determinar se a complexação afecta as propriedades farmacológicas do ligando e para obter conhecimentos fundamentais adicionais sobre a ação dos antibióticos,

Anacona e Maried(2012)[40], relataram a síntese da reação do níquel(II) com cefalosporinas e sulfatiazol (Hstz) para formar os seguintes complexos de ligandos mistos de fórmula geral ,$[Ni(L)(stz)(H_2O)x].n$(L=1,4, x = 1; L2,3,x = 0; L =monoanião de cefazolina HL_1 , cefalotina HL_2 , cefatoxima HL_3 , ceftriaxona HL_4) Figura (1-18) e ,$[Ni(L_5)(stz)].Cl$ (cefepima L_5), que foram caracterizados por métodos físico-químicos e espectroscópicos.

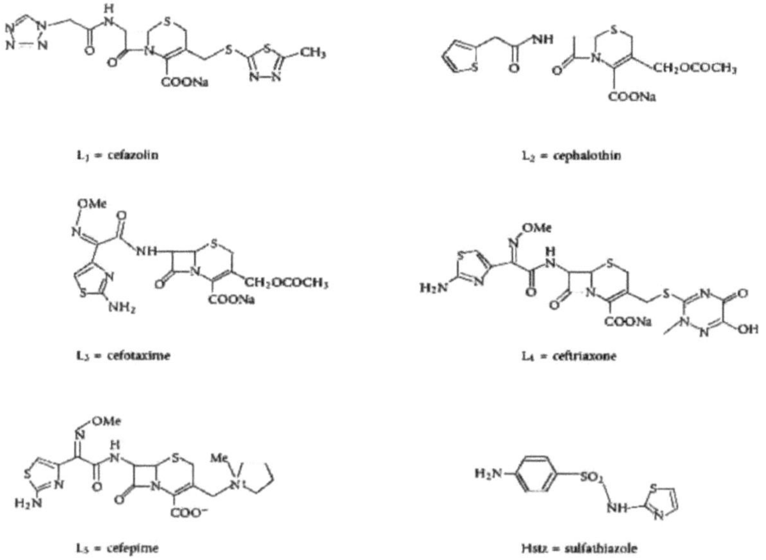

L_1 = cefazolin

L_2 = cephalothin

L_3 = cefotaxime

L_4 = ceftriaxone

L_5 = cefepime

Hstz = sulfathiazole

Figura (1-18): A estrutura dos ligandos (cefalosporinas e sulfatiazol)

Os seus espectros indicam que as cefalosporinas actuam como agentes quelantes multidentados, através das porções lactama carbonilo, carboxilato e N azo. Os complexos são insolúveis em água e em solventes orgânicos comuns, mas solúveis em DMSO, onde o complexo [Ni(L_5)(stz)]Cl é um eletrólito 1 : 1. Possuem provavelmente estruturas poliméricas. A sua atividade antibacteriana foi analisada e os resultados foram comparados com a atividade das cefalosporinas comerciais, como se mostra na Figura (1-19).

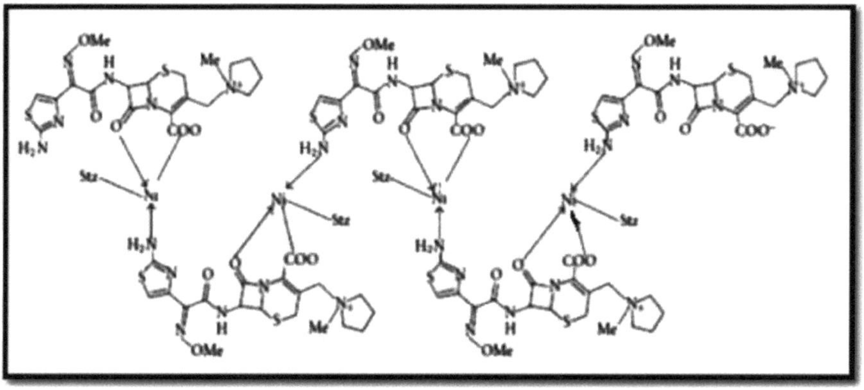

Figura (1-19): Estrutura sugerida do complexo catiónico [Ni(L5)(stz)].$^{+}$.

e. **Aminoglicosídeo**

Foi determinado que os aminoglicosídeos se ligam ao Cu^{+2} , incluindo a lincomicina, a Canamicina, a Genticina e a Tobramicina. Estes complexos apresentam atividade oxidativa [41,42].

f. **Complexo metálico de esparfloxacina**

Nadia(2011)[43], relatou que a esparfloxacina forma complexos metálicos com Cu(П),Co(П),Ni(П),Mn(П),Cr(ПI) e Fe(III),Figura (1-20) .Todos os complexos eram do tipo de spin alto e tinham geometria octaédrica de seis coordenadas, exceto os complexos de Cu (II) que eram quatro coordenadas, planejador quadrado, átomos de U e La no Uranil e Lanthanide têm uma esfera de coordenação bipiramidal pentagonal.

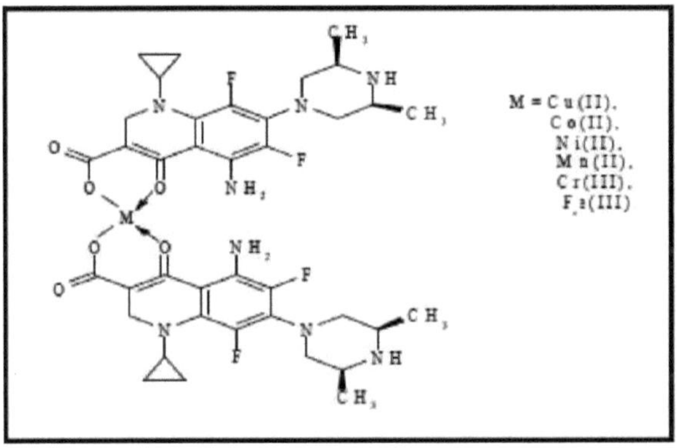

M = Cu(II), Co(II), Ni(II), Mn(II), Cr(III), Fe(III)

Figura (1-20): Complexos de [M(esparfloxacina) 2

Efthimiadou et al(2008)[44], relataram complexos de cobre(II), Figura (1-21) do medicamento antibacteriano quinolona de terceira geração Sparfloxacina na presença de um ligando heterocíclico doador de azoto 2,2'-bipiridina, 1,10-fenantrolina ou 2,2'- dipiridilamina foram preparados e caracterizados físico-quimicamente e espectroscopicamente [44].

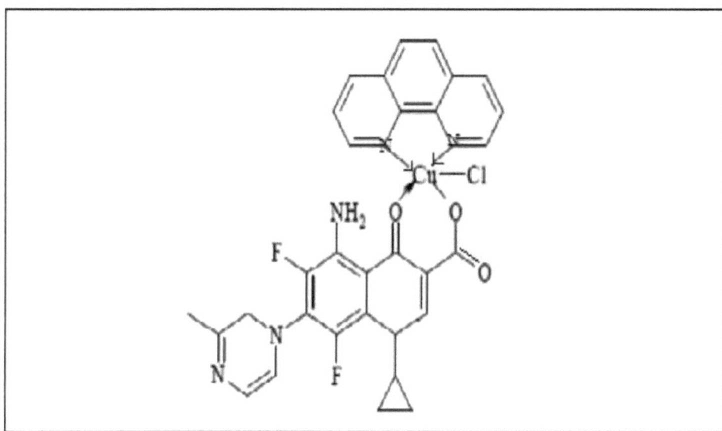

Figura (1-21): Complexo [Cu(Sparfloxacina)(1,10-fenantrolina)].

Somia Gul, et al (2013) [45], relatou quatro novos complexos metálicos (S12-S15) de SPFX (quinolonas de terceira geração) através de metais pesados, Figura (1-22) foram sintetizados em bom rendimento e caracterizados por métodos físico-químicos e espectroscópicos, incluindo TLC, IR, RMN e análises elementares. O ligando esparfloxacinato liga-se aos metais através da piridona e do átomo de oxigénio do grupo carboxílico. Os activos biológicos dos complexos foram testados contra quatro bactérias gram-positivas e sete gram-negativas e seis fungos diferentes. A análise estatística dos dados antimicrobianos foi efectuada por ANOVA unidirecional, teste de Dunnett; observou-se que S13, S14 e S15 eram os complexos mais activos. Os dados antifúngicos confirmam que todos os quatro complexos sintetizados são mais activos e mostram uma atividade significativa contra *F. solani* em relação ao fármaco original e nenhum dos complexos mostra atividade contra *A. parasiticus*, *A. effuris* e *S. cervicis*. Para estudar os efeitos inibitórios dos complexos recém-formados, foram efectuados estudos de inibição enzimática contra a urease, a a-quimotripsina e a anidrase carbónica. Os resultados da atividade enzimática destes complexos indicaram que são bons inibidores da enzima urease, enquanto todos os complexos mostram actividades ligeiras contra a enzima anidrase carbónica.

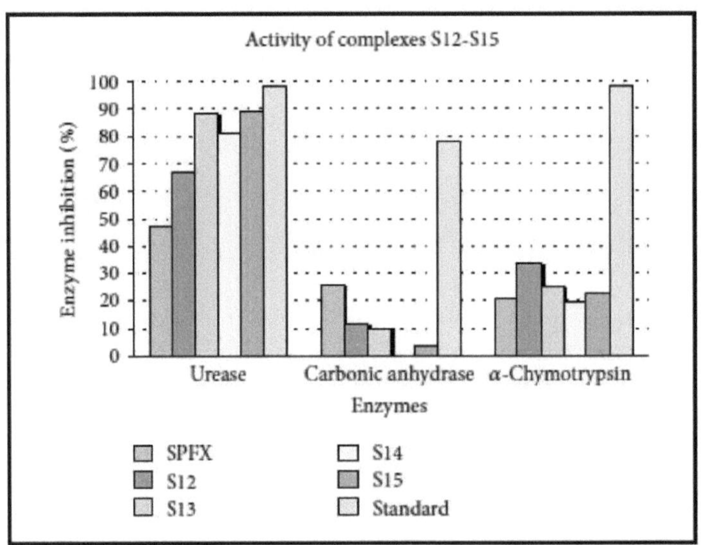

Figura (1-22): Representação gráfica da inibição enzimática S12 a S15.

g. Levofloxacina

Patel et al [46], estudou os complexos de cobre (II) baseados em fármacos, Figura (1-23) com levofloxacina na presença de 2,2'-bipiridilamina (bpd), que mostra atividade antibacteriana [46].

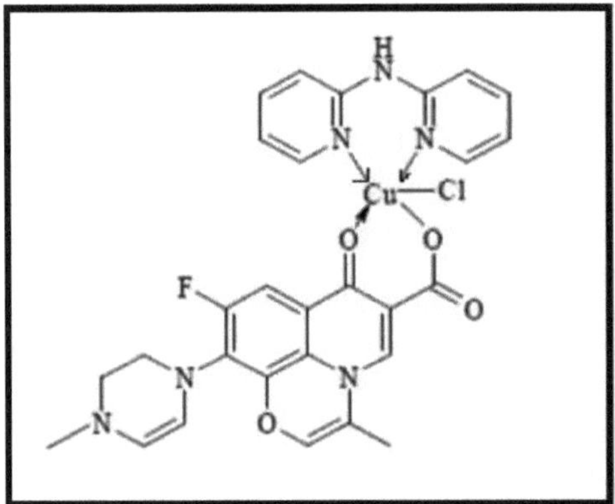

Figura (1-23): Complexo [Cu(Levo)(bpd)].

H. O metal interage com o medicamento quinolona

A norfloxacina e a ciprofloxacina com Mg(II), Ca(II) e Ba(II) aumentam a atividade antibacteriana e diminuem a toxicidade. Upadhyay et al [47] relataram a complexação de iões Zn(II) com quinolonas em solução aquosa, dependendo principalmente do pH. Para investigar a dependência do pH da complexação entre Zn(II) e o derivado de quinolona ciprofloxacina (cfH), foi utilizada a espetroscopia UV-Vis. A estrutura cristalina do composto, [C H N_{171923} F $O]_2$,[$ZnCl_4$].2H_2 O, ver Figura (1- 24)foi determinada por difração de raios X. Estes complexos foram caracterizados por análise elementar, espetrometria de massa, análise TG e espetroscopia de infravermelhos [48].

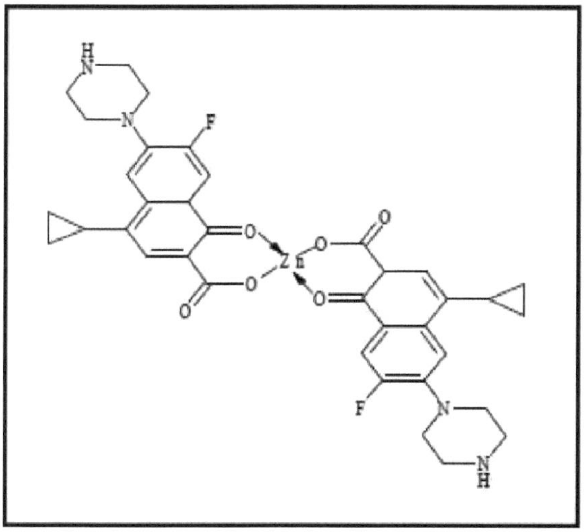

Figura(1-24): Complexo [Zn(Ciprofloxacina)$_2$]2H_2 O.

i. Sulfonamida

A síntese de ácidos nucleicos microbianos foi inibida juntamente com a síntese de ácido fólico microbiano. A sulfonamida possui um grupo amino livre ou substituído, local de ligação para complexos metálicos. Subudhi, et al (2007)[49], relataram a síntese de complexos de Cu(II), Zn(II), Co(II), Ni(II) e Pb(II) de 4-(2'-hidroxifenil imino) fenil sulfonamida, ver Figura (1-25). Os complexos foram avaliados quanto à sua atividade antibacteriana utilizando duas bactérias gram positivas (*S. aureus, E. faecalis*) e duas bactérias gram negativas (*E. coli, P. aeruginosa*) pelo método de difusão em disco. Os resultados mostram que os complexos metálicos aumentam o potencial antimicrobiano do ligando. As quinolinilsulfonamidas, tais como a N-(quinolin-8-il) metanossulfonamida e a N-(5- cloroquinolin-8-il) metanossulfonamida, [potentes inibidores da metionina aminopeptidase (MetAP)], mostraram diferentes potências inibitórias nas formas Co(II), Ni(II), Fe(II), Mn(II) e Zn(II) de *Ecoli* .(MetAP), e a sua inibição dependeu da concentração do metal e da formação de complexos metálicos com resíduos no sítio ativo da enzima [50].

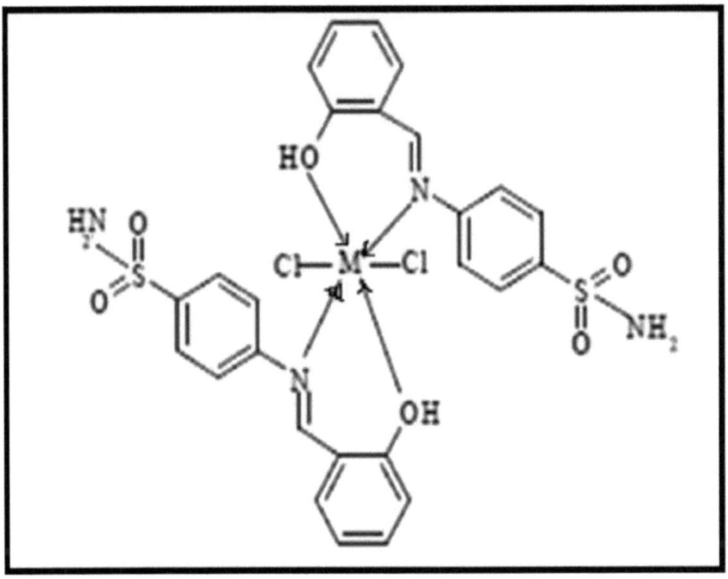

Figura (1-25):4-(2'-hidroxifenilimino) fenilsulfonamida.

M(II) = Cu(II), Zn(II), Co(II), Ni(II) e Pb(II)

Raheem et al(2014) [51], relataram a síntese e identificação dos complexos de ligandos mistos de iões M(II) na composição geral ,[M(Leu)$_2$ (SMX)]onde L- leucina(C H_{613} NO_2)simbolizado (LeuH) como ligando primário e Sulfametoxazol (C H N_{101133} S O)simbolizado(SMX)como ligando secundário, Figura (1-26).Os ligandos e os cloretos metálicos foram colocados em reação à temperatura ambiente em etanol (v/v)/água como solvente contendo NaOH. A reação exigiu as seguintes proporções molares, [(metal: 2(Na+Leu$^-$):(SMX)], com iões M(II), em que

M(II)=Mn(II),Co(II),Ni(II),Cu(II),Zn(II),Cd(II),e Hg(II).

Os dados de UV-Vis e de momento magnético revelaram uma geometria octaédrica em torno de M(II). Os dados de condutividade mostram uma natureza não electrolítica dos complexos.

As actividades antimicrobianas dos ligandos e dos seus complexos de ligandos mistos foram analisadas pelo método de difusão em disco.

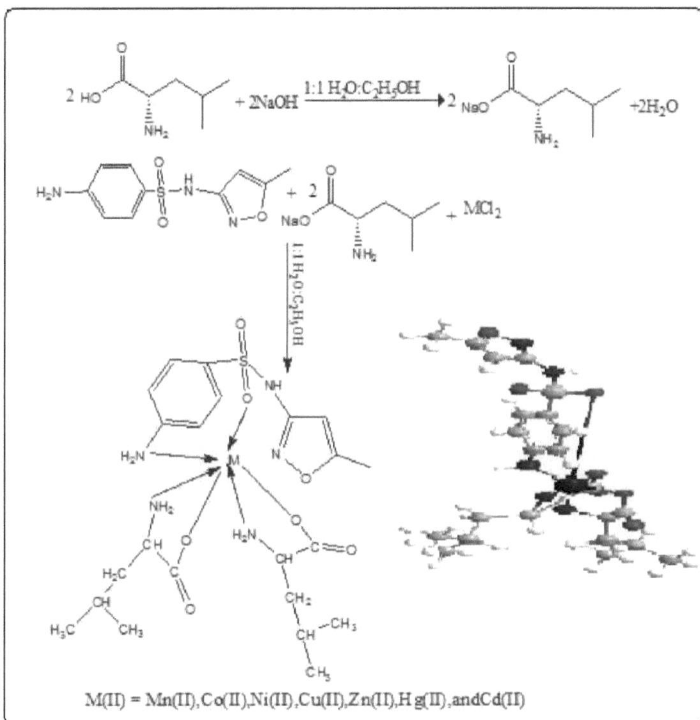

Figura (1-26): Preparação dos complexos [M(Leu)₂ (SMX)

j. Norfloxacina

Sadeek [52], relatou a síntese de complexos de Mn(II),Co(II) e Fe(III) de norfloxacina Figura (1-27). Os complexos foram caracterizados por análise elementar, infravermelhos, electrónicos, espectros de massa e análise térmica. Verificou-se que a norfloxacina actua como ligando bidentado através de um dos átomos de oxigénio do grupo carboxílico e do átomo de oxigénio do anel carbonílico.

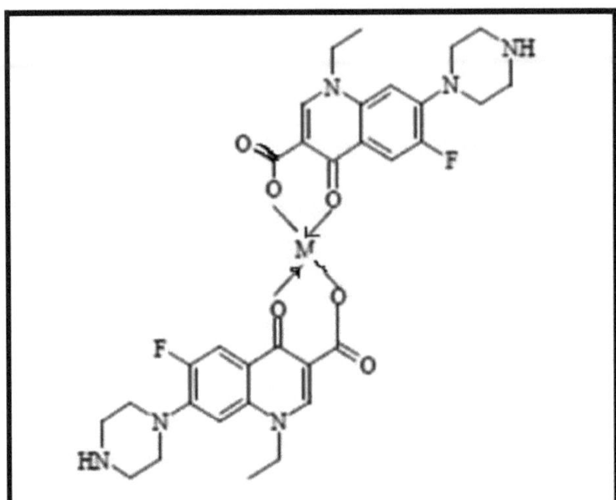

Figura (1-27): Complexo [M(Norfloxacrn)$_2$]; em que M(II)= Mn(II) ou Co(II).

K. Ciprofloxacina

Jezowska [53] preparou, a partir de soluções aquosas, o complexo de ferro (III) com ciprofloxacina e nitriloacetato (Nta) como ligando adicional,

[Fe(Cf)(Nta)]3.5H$_2$ O.Os complexos foram caracterizados por análise elementar, espectros de reflectância, IR e espetroscopia de massa.

Ligandos e materiais de base neste estudo

1.2.1. Ligandos

1.2.2. Antibióticos β-lactâmicos (Cefalexina, Ampicilina e Amoxicilina) [54-56].

Os antibióticos β-lactâmicos (Cefalexina, Ampicilina e Amoxicilina) são ligandos multidentados, Figura (1-28).

	Cephalexin	Ampicillin	Amoxicillin
	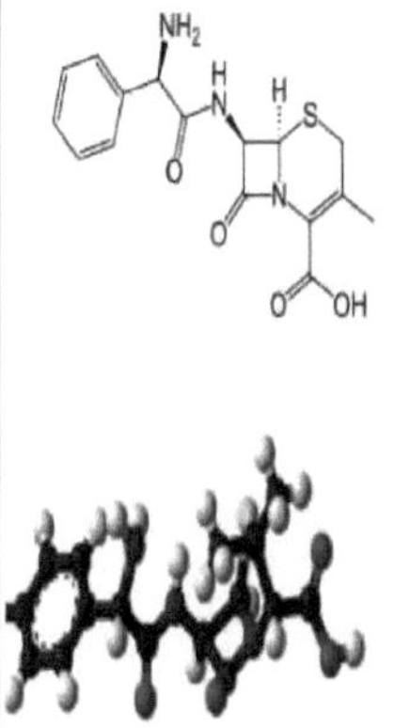	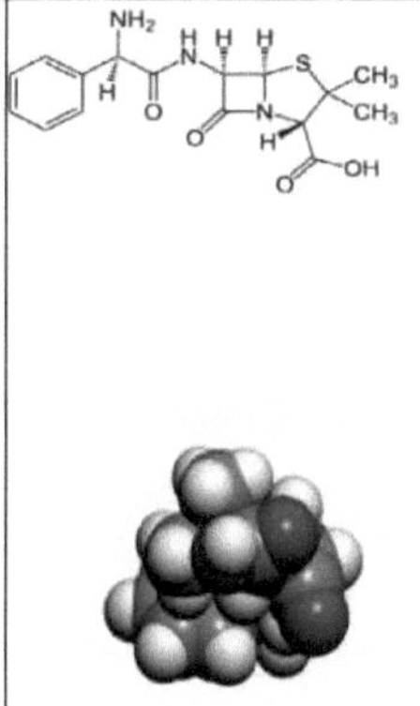	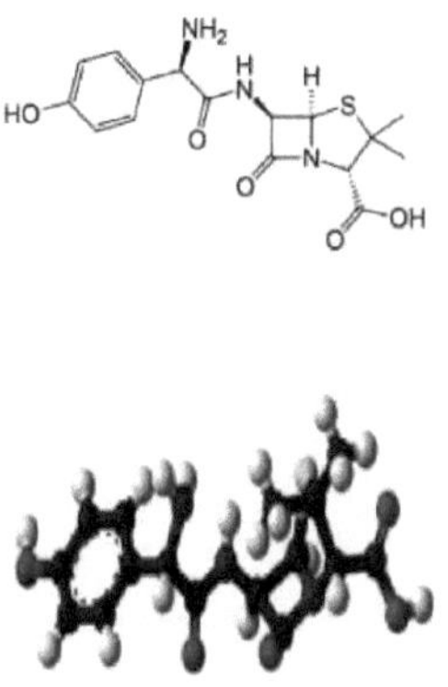
Systematic (IUPAC) name	6R,7R)-7-{[(2R)-2-amino-2-phenylacetyl]amino}-3-methyl-8-oxo-5-thia-1-azabicyclo[4.2.0] oct-2-ene- 2-carboxylic acid Trade names: Keflex	(2S,5R,6R)-6-([(2R)-2-amino-2-phenylacetyl].amino)-3,3-dimethyl-7-oxo-4-thia-1-azabicyclo[3.2.0] heptane-2-carboxylic Acid	2S,5R,6R)- 6-{,[(2R)-2-amino-2-(4-hydroxyphenyl)- acetyl].amino}-3,3-dimethyl- 7-oxo- 4-thia- 1-azabicyclo[3.2.0]heptane-2-carboxylic acid

Figura (1-28): Fórmulas estruturais dos antibióticos β-lactâmicos (Cefalexina, Ampicilina e Amoxicilina)

1.2.3. Sacarina (Sacarina)

A estrutura da sacarina (sacH), do 1,1-dióxido de 1,1-benzoisotiazolina-3-(2H)um ou da o-sulfobenzoimida é apresentada na figura (1-29).

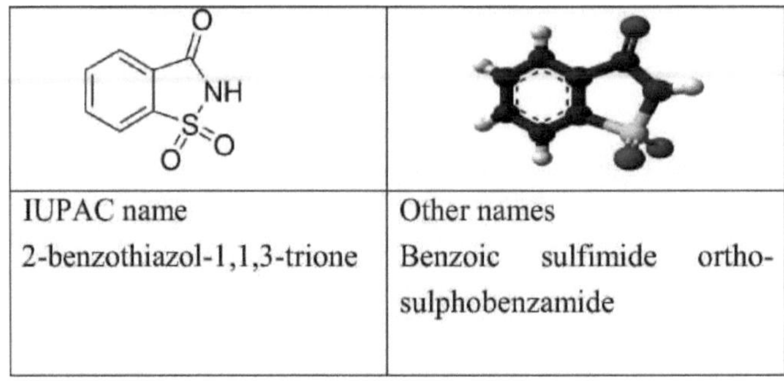

IUPAC name 2-benzothiazol-1,1,3-trione	Other names Benzoic sulfimide ortho-sulphobenzamide

Figura (1-29): Fórmula estrutural da sacarina

A sacarina pode ser produzida de várias formas. A via original de Remsen & Fahlberg começa com tolueno; outra via começa com o-clorotolueno [57]. A sulfonação pelo ácido clorossulfónico dá origem a cloretos de sulfonilo orto e para-substituídos. O isómero orto é separado e convertido em sulfonamida com amoníaco. A oxidação do substituinte metilo dá origem ao ácido carboxílico, que cicliza para dar ácido livre de sacarina, como se mostra na figura (1-30)[58].

Figura (1-30): Síntese da sacarina

1.2.3.4-Clorobenzaldeído

Clorobenzaldeído, como se mostra na Figura (1-31),[59].

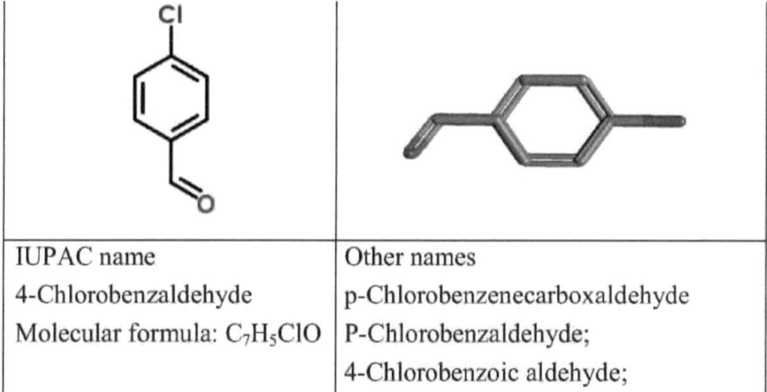

IUPAC name	Other names
4-Chlorobenzaldehyde Molecular formula: C_7H_5ClO	p-Chlorobenzenecarboxaldehyde P-Chlorobenzaldehyde; 4-Chlorobenzoic aldehyde;

Figura (1-31): Fórmula estrutural do 4-clorobenzaldeído

1.2.4. 4-Hidroxibenzaldeído [59].

O 4-hidroxibenzaldeído é um dos três isómeros do hidroxibenzaldeído, como mostra a Figura 1-32,

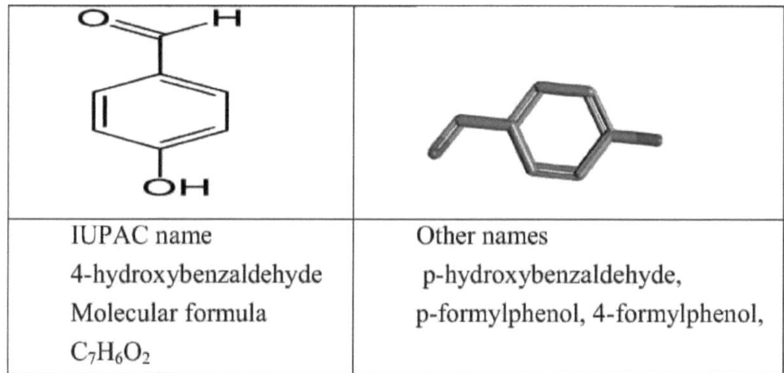

IUPAC name	Other names
4-hydroxybenzaldehyde Molecular formula $C_7H_6O_2$	p-hydroxybenzaldehyde, p-formylphenol, 4-formylphenol,

Figura (1-32): Fórmula estrutural do 4-hidroxibenzaldeído

1.2.5. 4-Clorobenzofenona [59].

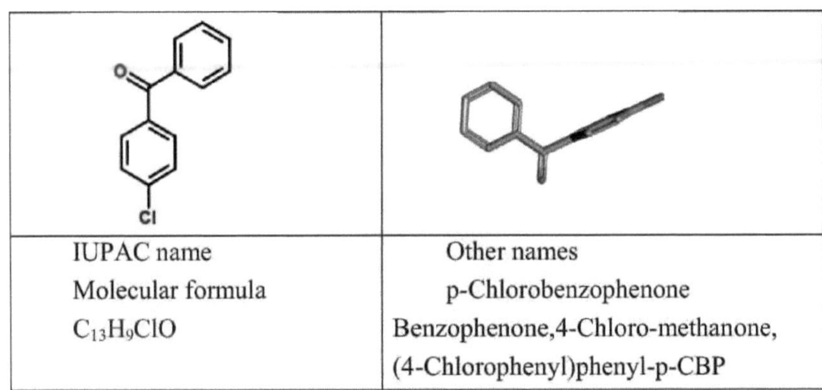

IUPAC name Molecular formula $C_{13}H_9ClO$	Other names p-Chlorobenzophenone Benzophenone,4-Chloro-methanone, (4-Chlorophenyl)phenyl-p-CBP

Figura (1-33): Fórmula estrutural da 4-clorobenzofenona

Complexos metálicos de ligandos mistos

Os complexos de ligandos mistos desempenham um papel importante em numerosos sistemas químicos e biológicos, tais como o amaciamento da água, a resina de permuta iónica, a galvanoplastia, a extinção, o antioxidante, a fotossíntese nas plantas e a remoção de metais indesejáveis e nocivos dos organismos vivos. Muitos destes complexos metálicos mostraram uma boa atividade biológica contra microrganismos patogénicos [50, 51].

Complexo metálico ligante misto de sacarina

Uma vez que se suspeitava que os compostos de sacarina 1 com vários metais eram potencialmente cancerígenos, foi demonstrado um interesse notável em estudar as suas propriedades estruturais. Os sais e complexos de sacarinato são, portanto, bem investigados, tanto estrutural como espectroscopicamente. A sacarina é um ácido fraco [60], que pode facilmente doar o seu protão azoto imido para formar um anião sacarinato.

Bart [61] e Okaya [62], inicialmente relataram a estrutura de raios X da molécula de sacarina e mostraram que a sacarina tem a estrutura de lactama (1).Os complexos metálicos de sacarina ganharam um papel significativo na química de coordenação. Os estudos de complexos metálicos que foram comunicados não são sistemáticos nem exaustivos. A substituição do hidrogénio ácido de uma molécula de sacarina produz um centro negativo no átomo de azoto, que pode então coordenar-se com um átomo de metal(II) adequado. Neste breve resumo, gostaríamos de dar uma ideia da fascinante química derivada desta molécula simples, com base em alguns exemplos selecionados[63].

Sacarinatos iónicos

O estudo da natureza de coordenação da sacarina e a determinação dos locais de ligação aos iões metálicos são talvez a chave para compreender a química bioinorgânica da sacarina [63]. A sacarina, ver Figura (1-34), foi descoberta por Remsen e Fahlberg em 1879 em resumos químicos, para além do nome convencional, a sacarina aparece como 1,1-dióxido de 1,2-benzisotiazol-3(2H)-ona. A sacarina é cerca de 500 vezes mais doce do que o açúcar [64,65].

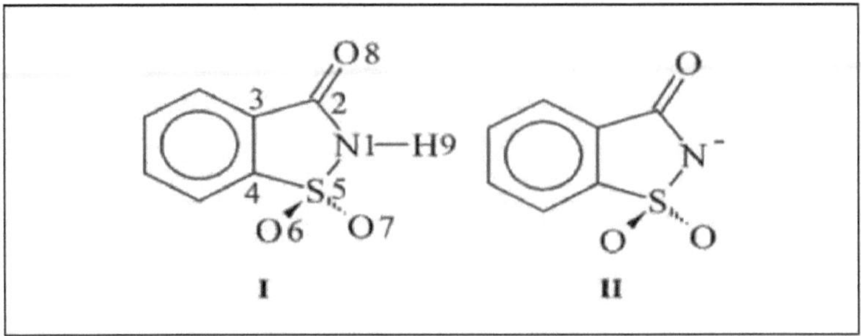

Figura (1-34): Sacarina (I) e anião sacarinato (II)

Os dados obtidos indicam que a sacarina actua como um anião monodentado, coordenando-se através dos átomos de azoto ou de oxigénio carbonílico, ou como um ligando bidentado utilizando ambos os átomos dadores. Foi também descrito um modo de coordenação diferente para a sacarina[66], nos complexos ,$[M(sac)_{2}L_{2}]xH_{2}O$ (M = Cu(II)ou Co(II), L = H_2 O ou piridina, X = 1, 2 ou 4). A esfera de coordenação octaédrica associada a estes complexos contém dois grupos carbonilo de duas moléculas de sacarina e dois grupos sulfonilo de duas outras moléculas de sacarina.

Zaki et al (2007) [67], relataram a estrutura do complexo de sacarinato de mercúrio com piridina por IR e métodos de difração de raios X de cristal único, ver Figura (1-35). O átomo de Hg tem uma configuração tetraédrica ligeiramente distorcida com quatro átomos de azoto (N) de dois aniões de piridina e dois de sacarinato no complexo.

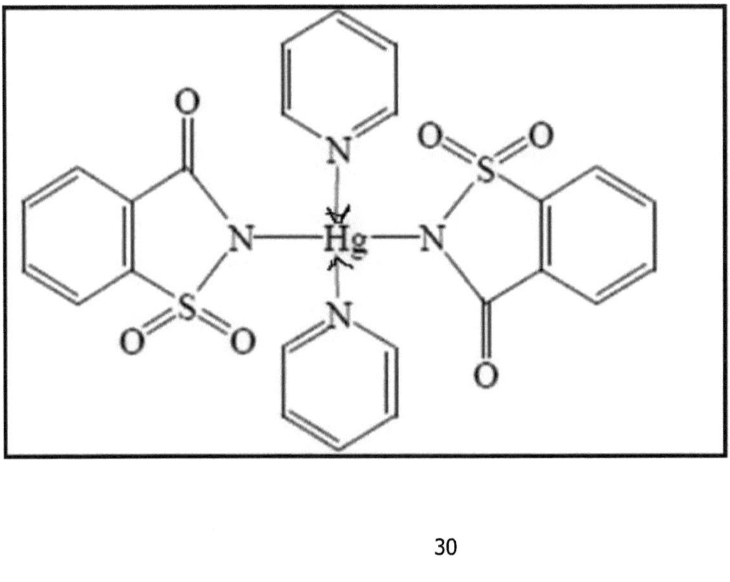

Figura (1-35): Estrutura da sacarina e do seu complexo de mercúrio com piridina [Hg(sac)2(py)2].

Foram comunicadas as estruturas dos sacarinatos de imidazol de Co(II) [68], Ni(II) [69], Cu(II) [70] e Cd(II) [71]. Os compostos binucleares de Cobre(II) e Cádmio(II), no entanto, com a fórmula geral $[M_2 (HIm)_4 (sac)]_{42}$, são bastante especiais.

Quatro novos complexos de ligandos mistos de Cu(II), Co(II), Ni(II) e Zn(II) com sacarina e nicotinamida foram sintetizados e caracterizados com base em análise elementar, estudo espetroscópico FT-IR, espetrometria UV-Vis e dados de suscetibilidade magnética. A estrutura do complexo de Cu (II) é completamente diferente da dos complexos de Co (II), Ni (II) e Zn (II). A partir das frequências dos modos sacarinato CO e SO_2 , provou-se que os ligandos sacarinato na estrutura do complexo de Cu estão coordenados ao ião metálico $[Cu(NA)_2 (Sac)_2 (H_2 O)]$, onde, (NA:nicotinamida, Sac :ligando ou ião sacarinato), enquanto que nos complexos de Co(II), Ni(II) e Zn(II) estão descoordenados e existem como iões $([M(NA)_2(H_2O)_4].(Sac)_2)$ [72].

O comportamento eletroquímico e a decomposição térmica de um complexo ternário de Cu(II) com sacarina e nicotinamida[73] foram investigados através de medidas voltamétricas (voltametria de onda quadrada e cíclica), espectroscópicas e de análise térmica (TG, DTA, DTG). Os dados de ESR e de suscetibilidade magnética sugerem que a estrutura do complexo é quadrado-piramidal no estado sólido. Foi estudado o comportamento térmico do complexo desde a temperatura ambiente até 1000 °C numa atmosfera de ar estático. A via de decomposição do complexo é interpretada em termos dos dados estruturais. É proposto um possível mecanismo para a decomposição do complexo [73].

Os complexos de sacarinato dos iões metálicos Au(III), ZrO(II), VO(II) e UO_2 (II) foram preparados por Teleb, (2004) [74], e a coordenação da sacarina nestes complexos foi investigada através dos seus espectros[1] H-NMR e IR, bem como por análise térmica. Verificou-se que a sacarina interage com todos estes iões metálicos na forma aniónica e coordena de forma monodentada, através do seu azoto, os iões Au(III), ZrO(II) e VO(II), enquanto que coordena o ião UO_2 (II) como ligando bidentado utilizando os seus grupos carbonilo e sulfonilo. Foi proposta uma estrutura quadrada para os complexos de Au(III), estruturas de cadeia polimérica para os complexos de ZrO(II) e VO(II) e uma estrutura octaédrica para o complexo de sacarina UO_2 . As propriedades térmicas destes complexos mostraram ser consistentes com as estruturas propostas e indicam que o ouro metálico, ZrO_2 , $V\ O_{25}$ e $UO_2\ SO_4$ são obtidos como produtos finais de decomposição térmica destes complexos[75,76].Também em alguns complexos de Pd(II) e Pt(II) do tipo ,[MCl(sac)L_2]. (L = diferentes ligandos fosfínicos) a coordenação do sacarinato envolve também ligações Pd-N e Pt-N [77].

Complexos metálicos monodentados O-coordenados.

O átomo de carbonilo O participa frequentemente na ligação, quando o Sacarinato actua como ligando bidentado, como será discutido, mas a coordenação monodentada por este átomo O é bastante invulgar. O primeiro exemplo desta forma de interação foi relatado para um complexo V(IV), nomeadamente,[V$(sac)_2$ $(py)_4$].2p,[78]. Ligações M-O semelhantes foram encontradas mais tarde nos casos de , [Ni$(sac)_2(py)_4$] , [79], e bis(sacarinato) tetra (isoquinolina) Cobre(II),[80].Tendo em conta que, como mencionado acima, os catiões de metais de transição divalentes mais leves preferem interações M-N, o aparecimento de ligações M-O nos complexos mencionados pode provavelmente ser originado por efeitos estéricos.

Esta última suposição é adicionalmente confirmada pela estrutura do complexo de Cobre (I) de composição ,[Cu(sac)(PPh $)_{33}$], contendo os volumosos ligandos trifenil fosfina (PPh_3), em que o sacarinato também se coordena através do átomo de O carbonilo,[80],onde é, curiosamente, num composto semelhante com menos um grupo PPh_3 , [Cu(sac)(PPh $)_{32}$], a coordenação ocorre através do átomo de N[81].

Complexos metálicos bidentados coordenados com N,O

Neste caso, a porção sacarinato pode atuar como um único ligando bidentado para apenas um centro metálico ou, mais frequentemente, como ligando abidentado em ponte. Um exemplo recente para a primeira situação é o complexo [Pb$(sac)_2$ (phen)(H_2 O$)_2$], (phen =1,10-fenantrolina) no qual o Pb(II) apresenta o invulgar número de coordenação oito, com os dois aniões sacarinatos a actuarem como bidentados e a esfera de coordenação completada pelos dois átomos N do ofen e os dois átomos O da água[82].

No caso do complexo mais simples de ,[Pb$(sac)_2$].H_2 O, o ligando bidentado dá origem a uma estrutura dimérica[83]. No entanto, a espécie dimérica mais interessante deste tipo é provavelmente o complexo de ,[Cr_2 $(sac)_4$ py_2].2py[84], no qual as quatro moléculas de sacarinato actuam como pontes bidentadas entre as duas acções de Cr(III) e que, por conseguinte, se assemelha às conhecidas espécies de carboxilatos de Cr(III)[85].

Complexos de sacarinato dos lantanídeos trivalentes

Os complexos de sacarinato dos lantanídeos trivalentes e do ítrio constituem uma série de compostos particularmente interessante. Pertencem a três tipos estruturais diferentes. Na primeira família, de composição ,$[Ln(sac)(H_2O)_8].(sac)_2.H_2O$, com Ln = La, Ce, Pr, Nd, Sm e Eu, o catião Ln(III) encontra-se num ambiente prismático trigonal tricapa com coordenação de oxigénio de nove dobras, envolvendo um átomo O carbonílico de sacarinato e oito átomos O de água [76,86].

O segundo grupo de composição ,$[Ln(sac)_2(H_2O)_6].(sac)(sacH).4H_2O$ com Ln = Gd, Dy, Ho, Er, Yb, Lu e Y constitui um exemplo interessante de complexos que contêm simultaneamente sacarina e o seu anião na rede cristalina,[86].No terceiro grupo, os compostos de Tm(III) e Tb(III), apresentam duas estruturas intimamente relacionadas conformadas por três e dois complexos cristalograficamente independentes de ,$[Ln(sac)(H_2O)_7]$, respetivamente, com a composição $[Tm(sac)(H_2O)_7]_3(sac)_6.9H_2O$ e, $[Tb(sac)(H_2O)_7]_2(sac)_3.6H_2O$. Para todos os lantanídeos mais pesados (Gd-Lu) e para o ítrio, o catião apresenta uma coordenação de oxigénio de oito vezes, com os ligandos dispostos nos cantos de um antiprisma arquimediano quadrado ligeiramente distorcido[76]. **Outros comportamentos de coordenação peculiares**

Alguns complexos de sacarinatos apresentam uma caraterística de coordenação muito particular, que exemplifica outro aspeto fascinante deste ligando. Esta peculiaridade, que foi encontrada pela primeira vez em dois complexos de Cobre(II), nomeadamente , $[Cu(sac)_2(py)_3]$[87], e $[Cu(sac)_2(dipyr)(H_2O]$(dipiridilamina), [88,89], é a

facto de serem complexos mononucleares simples em que um dos ligandos sacarinatos está ligado através do átomo N e o outro através do átomo O. Um comportamento semelhante foi também observado com alguns complexos de ligandos mistos contendo 2-piridilmetanol(mpy), ou seja, $[Cd(sac)_2(mpy)_2]$, $[Zn(sac)_2(mpy)_2]$[90],$[Co(sac)_2(mpy)_2]$[91],$[Ni(sac)_2(mpy)_2]$[91].

Presença de aniões sacarinato ligados e não ligados e de sacarina livre em espécies complexas. Outro aspeto interessante, recentemente documentado numa variedade de compostos, é o facto de, em algumas espécies, o anião sacarinato poder estar presente tanto no catião complexo como como contra-ião, fora da esfera de coordenação. Alguns exemplos foram apresentados acima, em relação à estequiometria dos complexos dos Lantanídeos mais pesados [76].Outros exemplos são encontrados nos complexos: $[Cu(sac)(bipy)_2]$.(sac).$2H_2O$[92], $[Mn(sac)(bipy)_2(H_2O)]$.(sac)[93], $[Co(sac)(bipy)_2(H_2O)]$.(sac)[94] e $[Mn(sac)(ophen)_2(H_2O)]$(sac) [94].

Obviamente, é também conhecido um número importante de compostos em que o anião sacarinato está presente apenas como contra-anião de um catião complexo. Alguns exemplos recentemente comunicados são os seguintes:

$[Cu_2(\mu\text{-oxal})(bipy)_2(H_2O)_2]$.$(sac)_2$ com oxal = oxalato[95], $[Cd(tea)_2]$.$(sac)_2$ e $[Hg(tea)_2]$.$(sac)_2$],com tea=trietanolamina [96],$[Co(H_2O)_4(py)_2]$.$(sac)_2$ [97], $[Ni(H_2O)_4(py)_2]$. $(sac)_2$ [97], $[Co(dmpy)_2]$. $(sac)_2$ e $[Ni(dmpy)_2]$.$(sac)_2$ withdmpy= piridina-2,6-dimetanol[98],

[Fe(4,4'- bipy)(HO)].$(sac)_2$ com 4,4'-bipy = 4,4'-bipiridina,[99], $[M(Nic)(H_2O)]$.$(sac)_2$ com M =Co(II),Ni(II),Zn(II),Nic =nicotinamida[100].

Um exemplo especialmente interessante de sistemas deste tipo é o material de composição. $[Cu(4,4'\text{-bipy})_2(H_2O)_2](sac)_2$.DMF , que é um polímero de grelha quadrada com os aniões sacarinato ensanduichados entre as camadas do complexo e as moléculas de dimetil formamida (DMF) preenchendo os buracos do quadrado[101].Além disso, a presença de sacarina livre nas redes cristalinas de certos complexos foi estabelecida, como mencionado acima no caso dos complexos $[Ln(sac)_2(H_2O)_6]$ (sac)(sacH).$4H_2O$ [76]. No entanto, o primeiro caso em que esta situação foi encontrada é, aparentemente, o complexo VO(II) de composição ,$[VO(OHXsac)(H_2O)_2$ (Hsac)H 102].

Shihab, et al(2012) [103], relataram complexos tetraédricos de mercúrio(II) contendo ligandos mistos de mono ou difosfinas e complexos de sacarinato dos tipos ,$[HgCl(sac)(PPh_3)_2HgCl(sac)(diphos)]$,$[Hg(sac)_2(PPh_3)_2]$ ou$[Hg(sac)_2(diphos)]$e complexos octaédricos do tipo ,$[Hg(sac)_2(dppe)_2]$ou $[Hg(sac)_2(dppp)_2]$.{difos = $Ph_2P(CH_2)_nPPh_2$; n=1,dppm; n=2,dppe;n=3,dppp; n=4,dppb}foram preparados e caracterizados Figura (1-36).

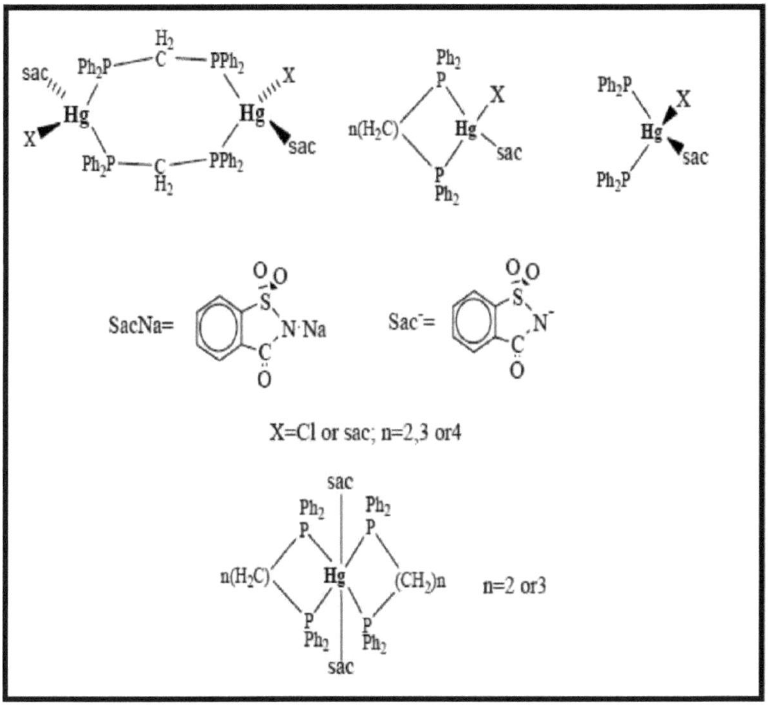

X=Cl or sac; n=2,3 or4

n=2 or3

Figura (1-36): As estruturas sugeridas para os complexos de Mercúrio(II) preparados

Fayad et al (2012) [104], relataram novos complexos de seis ligandos mistos de alguns iões de metais de transição Manganês (II), Cobalto (II), Ferro (II), Níquel (II) e iões de metais de não transição Zinco (II) e Cádmio (II) com L-valina (Val H) como ligando primário e Sacarina (HSac) como ligando secundário. Todos os complexos preparados foram caracterizados por condutância molar, suscetibilidade magnética, infravermelho, espetro eletrónico e A.A. Os complexos com as fórmulas $[M(Val)_2(HSac)_2]$

M(II) = Mn (II) , Fe (II) , Co(II) ,Ni(II), Cu (II),Zn(II) e Cd(II)

L- Val H= ($C_5H_{11}NO_2$),SacH =$C_7H_5NO_3S$

O estudo mostra que estes complexos têm uma geometria octaédrica; os complexos metálicos foram analisados quanto às suas actividades microbiológicas contra bactérias. Com base nos resultados relatados, pode concluir-se que o ligando desprotonado (L- valina) ao ião valinato (Val^{u}) utilizando (NaOH) se coordenou aos iões metálicos como ligando bidentado através do átomo de oxigénio do grupo carboxilato (COO^{uu}) e do átomo de azoto do grupo amina

(NH2), enquanto a sacarina (SacH) se coordenou como monodentada através do átomo de azoto. Ver Figura (1-37).

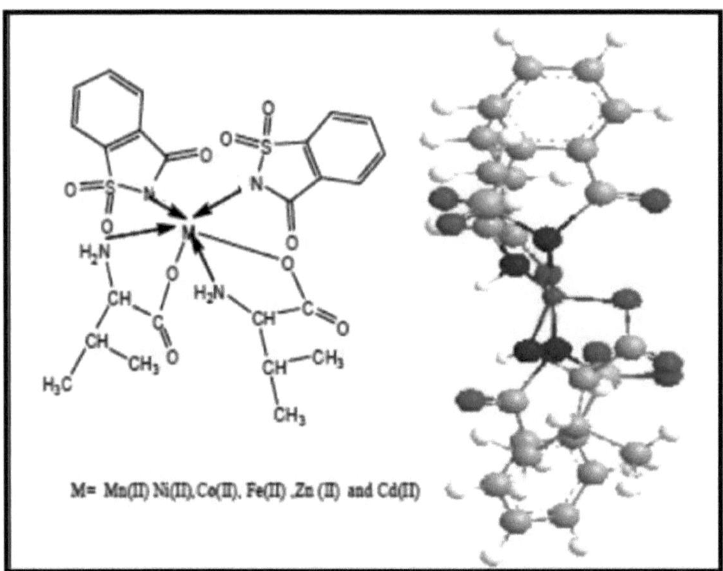

Figura (1-37): Estruturas sugeridas e estrutura 3D-geométrica dos complexos

A atividade antibacteriana dos complexos de ligandos mistos 1 -6 contra *Staphylococcus aureus* (+ve) e *Escherichia coli* , *Salmonella typhi* e *Aeruginosa* (-ve) foi realizada através da medição do diâmetro de inibição .

Actividades antimicrobianas de complexos metálicos de base de Schiff

Azza et al. [105] , sintetizaram complexos mono e bi-nucleares acíclicos e macro-cíclicos com a base de Schiff dura e macia, HL_2 , ver Figura (1-38), ligando derivado da reação de 4,6-diacetilresorcinol e tiocarbohidrazida. O ligando de base de Schiff HL_2 e os seus complexos metálicos foram avaliados quanto à sua atividade antimicrobiana contra uma estirpe de bactérias gram-positivas *S. aureus* e *P. fluorescens* e bactérias gram-negativas, bem como contra um fungo patogénico, *F. Oxysporum*. Os dados foram comparados com antibióticos padrão, cloranfenicolas gram-negativas e cefalotina como referência padrão para bactérias gram-positivas. A cicloheximida foi utilizada como referência padrão antifúngica. As actividades antibacterianas e antifúngicas in vitro demonstraram que os complexos têm uma maior atividade antimicrobiana em comparação com a do ligando.

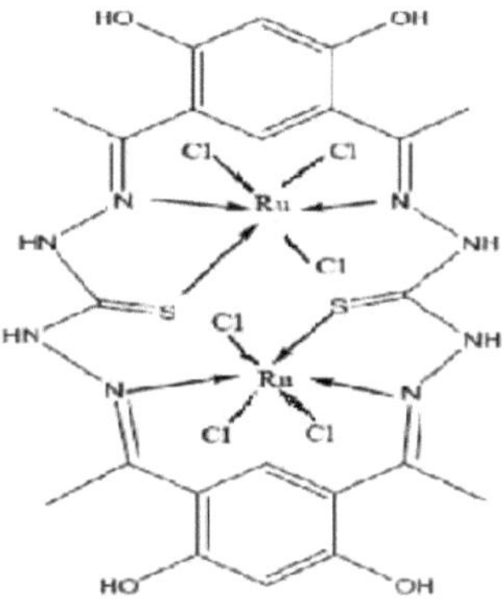

Figura (1-38): Complexos binucleares acíclicos e macrocíclicos com bases de Schiff

Sobha et al[106], prepararam uma série de complexos de Cu(II), Ni(II) e Zn(II) do tipo ML(matel:ligando) que foram sintetizados com bases de Schiff derivadas de o-acetoacetotoluidida, 2-hidroxil benzaldeído e o-fenileno diamina, ver Figura (1-39), 1,4-diaminobutano, para explorar a atividade dos ligandos da base de Schiff e dos complexos de metal(II) contra bactérias, enquanto a ampicilina é utilizada como medicamento padrão para comparação. Os microrganismos utilizados nas presentes investigações incluíram *S. aureus, P. aeruginosa, E. coli, S. epidermidis* e *K. pneumoniae*. A técnica de difusão em ágar foi utilizada para avaliar a atividade antibacteriana dos complexos metálicos sintetizados. Os complexos foram bactericidas mais potentes do que as bases de Schiff livres. Esta maior atividade antimicrobiana dos complexos metálicos em comparação com as bases de Schiff pode dever-se à alteração da estrutura devido à coordenação e à quelação que tende a fazer com que os complexos metálicos actuem como agentes bacteriostáticos mais potentes, inibindo assim o crescimento dos microrganismos.

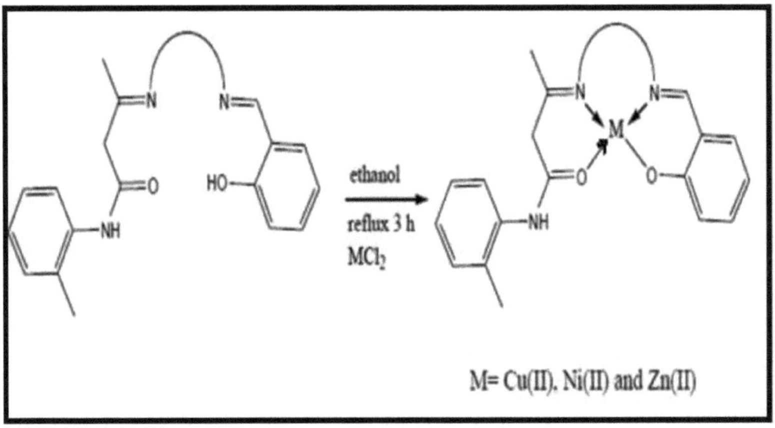

Figura (1-39): Complexos de base de Schiff derivados de o-acetoaceto - toluidida, 2-hidroxibenzaldeído e o-fenileno diamina

Foram sintetizados complexos de Co(II), Ni(II), Cu(II) e Zn(II) da base de Schiff derivada do indol-3-carboxaldeído e do ácido m-aminobenzóico[107], ver Figura (1-40). O rastreio antifúngico e antibacteriano in vitro dos complexos foi verificado. Em alguns casos, o ligando e os seus complexos têm uma atividade semelhante contra espécies bacterianas e fúngicas. Os resultados da atividade fúngica in vitro revelaram que os complexos são mais tóxicos para os micróbios do que o ligando. Os resultados da atividade antibacteriana in vitro revelaram que o ligando era bacteriostático contra estirpes bacterianas, exceto *P. vulgaris* e *K. Pneumonia.* A ordem de atividade dos compostos sintetizados é a seguinte

Cu(II) > Co(II) >Ni(II) > Zn(II)> Ligando.

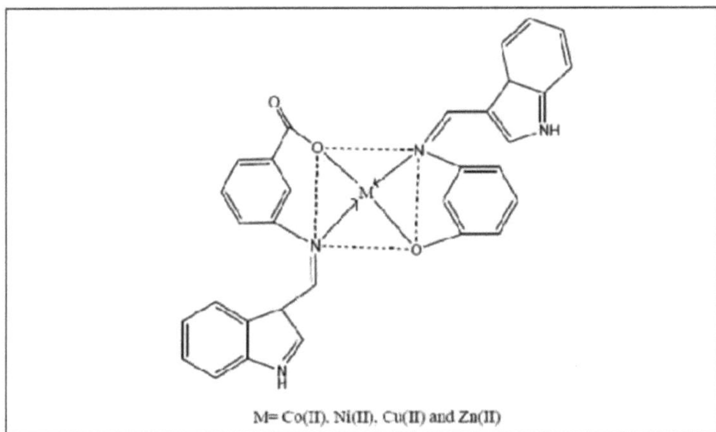

Figura (1-40): Complexos da base de Schiff derivados doindole-3- Carboxaldeído e do ácido m-aminobenzóico

Os complexos metálicos foram sintetizados com bases de Schiff derivadas de O-ftalaldeído (opa) e aminoácidos viz., glicina (gly), l-alanina (ala), l-fenil-alanina (pal) por Neelakantan et al[108]. As actividades antimicrobianas dos complexos metálicos de base de Schiff do título (50μg por teste) in vitro foram testadas contra onze micróbios pelo método de difusão em disco modificado. Os complexos de Cu(II)e Ni(II) exibem inibição contra todos os microrganismos estudados.

No entanto, os complexos de Co(II) e Mn(II) apresentam uma menor inibição e os complexos de VO(II) não têm qualquer atividade contra os microrganismos. Foram sintetizados quatro novos complexos de base de Schiff de Co(III) do tipo tetradentado N O_{22} [108], derivados da condensação de meso-1, 2difenil-1, 2-etilenodiamina (mesoestilbenodiamina) com derivados de salicilaldeído, ver Figura (1-41). A atividade antimicrobiana in vitro dos complexos de base de Schiff foi testada contra bactérias patogénicas humanas, tais como *Salmonella typhi*, *Pseudomonas aeruginosa*, *Klebsiella pneumonia*, *Staphylococcus aureus* e *Listeria monocytogenes*.

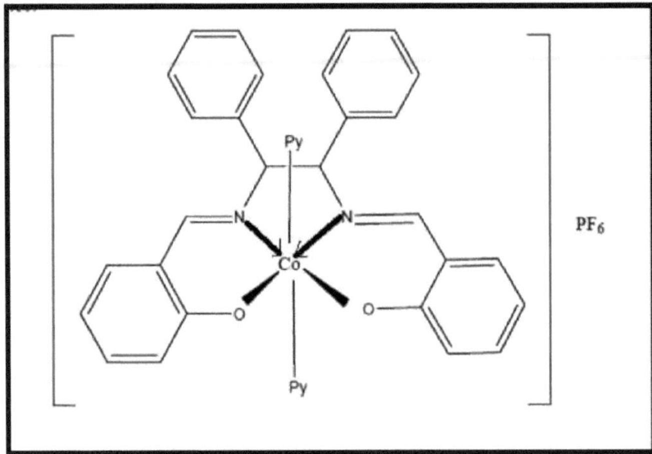

Figura (1-41): N O_{22} complexos de base de Schiff tetra-dentados do tipo Co(III).

Os estudos de atividade antibacteriana dos complexos e dos compostos padrão (Gentamicina e Ciprofloxacina) foram avaliados pelo método de difusão em disco de Kirby-Bauer e pelo teste de sensibilidade de diluição em série contra bactérias gram-positivas e gram-negativas. O solvente DMSO foi também utilizado como controlo positivo. Como se pode ver a partir destes resultados, tanto as bactérias gram-positivas como as gram-negativas foram afectadas por estes agentes antibacterianos e *a S. typhi* foi o microrganismo mais sensível aos complexos estudados. Por outro lado, *P. aeruginosa e S. aureus* foram, até certo ponto, mais resistentes a estes compostos [109].

Govindaraj Saravanan et al (2011) [110], desenvolveram uma série de derivados de 1-(benzilideno substituído)-4,4,2-(metil/fenil)-4-oxoquinazolina-3(4H)-il) fenil)semi carbazida foram sintetizados com o objetivo de desenvolver potenciais antimicrobianos. As propriedades antibacterianas e antifúngicas in vitro foram testadas contra alguns microrganismos patogénicos humanos, utilizando a técnica de difusão em disco e o método de diluição em ágar. Todos os compostos mostraram atividade contra todas as estirpes de microrganismos. A relação entre a variação do grupo funcional e a atividade biológica dos compostos avaliados foi bem discutida. Com base nos resultados obtidos, verificou-se que os compostos eram muito activos e foram submetidos a um ensaio antimicrobiano.

Noor-ul et al (2009)[111], prepararam os complexos que foram analisados in vitro quanto à sua atividade microbiana contra cinco bactérias gram (+), cinco gram (-) e três agentes patogénicos fúngicos utilizando o método do copo de ágar. Verificou-se que os complexos apresentavam uma atividade considerável contra as bactérias gram (+) utilizadas no presente estudo e os resultados são comparáveis aos dos antibióticos padrão estreptomicina.

A salicilaldeído-2-fenilquinolina-4-carboil-hidrazona (HL_2), e os seus novos complexos tetra nucleares de Co(II), Ni(II) e Ru(III), ver Figura (1-42), foram sintetizados por Zhi-hong Xu. et al. (2011)[112].

A atividade antibacteriana in vitro dos complexos contra *Escherichia coli*, *Staphylococcus aureus* e *Bacillussubtilis* foi analisada e comparada com a atividade do ligando livre.

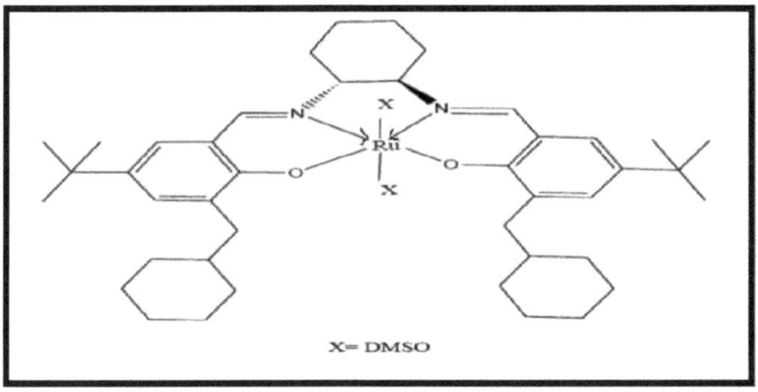

X= DMSO

Figura (1-42): Complexo salicilaldeído-2-fenilquinolina-4-carboil-hidrazona-Ru-.

Treze 1-naftil ceto-oxiranos opticamente activos (1-naftil-4-il-3- (fenil substituído) oxiran-2-ilmetanonas), ver Figura (1-43), foram sintetizados por epoxidação catalisada por transferência de fase de 1-naftil chaconnes. Os rendimentos dos oxiranos são superiores a 95%. Estas actividades multifacetadas presentes em diferentes ceto-epóxidos destinam-se a examinar as suas actividades contra os respectivos micróbios-bactérias, fungos e actividades antifeedantes de insectos contra a semi-lagarta da mamona.

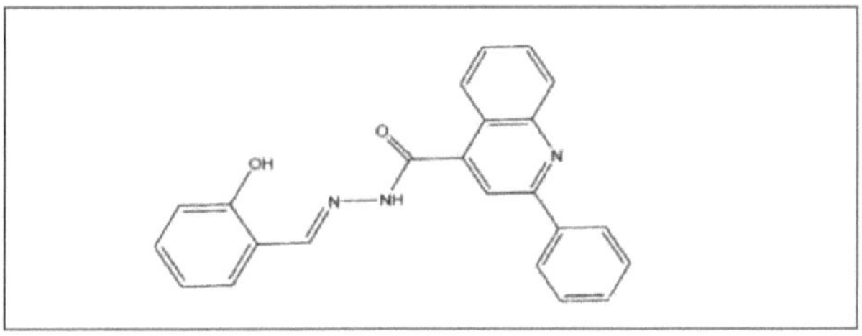

Figura (1-43):

Metanonas de base de Schiff 1-naftil ceto-oxiranos[1-naftil-4-il-3 (fenil substituído) oxiran-2-il

As actividades antibacterianas de todos os epóxidos preparados foram avaliadas contra duas estirpes patogénicas gram positivas *Staphylococcus aureus*, *Enterococcus faecalis* enquanto *Escherichia coli*, *Klebsiella* species, *Pseudomonas* e *Proteus vulgaris* eram estirpes gram negativas. Seguiu-se a técnica de difusão em disco utilizando o método de Kirby-Bauer, a uma concentração de 250 µg/mL com ampicilina e estreptomicina tomadas como medicamentos padrão. A medição das atividades antifúngicas de todos os epóxidos foi feita usando *Candidaalbicans* como a cepa fúngica e a técnica de difusão em disco foi seguida para a atividade antifúngica, enquanto para as duas outras manchas *Penicillium* species e *Aspergillusniger*, o método de diluição foi adotado. A diluição dos fármacos foi de 50 µg/mL. *A griseofulvina* foi tomada como o medicamento padrão. Todos os compostos sintetizados mostraram boa atividade [113].

As b-dicetonas funcionalizadas clinicamente activas1-(20,40dihidroxifenil)-3- (200-substituídofenil)- propano-1,3-diona (L -L_{12}) foram sintetizadas por Javed Sheikh, et al(2011) [114], a partir da transformação de Baker-Venkataraman de 2,4- diaroiloxi-acetofenonas. Duas bactérias gram-positivas (*S. aureus* ATCC 25923 e *B. Subtilis* ATCC 6633) e duas gram-negativas (*E. coli* ATCC 25922 e *P. aeruginosa* ATCC 27853) foram utilizadas como estirpes de controlo de qualidade. Para determinar as actividades antileveduras dos compostos, foram testadas as seguintes estirpes de referência: *C. Albicans* ATCC 10231 e *C. glabrata* ATCC 36583. A ampicilina tri-hidratada foi utilizada como agente antibacteriano e antifúngico padrão, respetivamente.

Uma nova série de complexos de oxovanádio(Il), Figura (1-44), foi concebida e sintetizada com uma nova classe de bases de Schiff triazólicas derivadas da reação de 3,5-diamino-1,2,4-triazol com 2-hidroxi-1-naftaldeído, pirrol-2-carboxaldeído, piridina-2-carboxaldeído e acetilpiridina-2-carboxaldeído, respetivamente. A fim de avaliar a atividade biológica das bases de Schiff e o papel do metal vanádio(IV) na atividade biológica, as bases de Schiff triazólicas e os seus complexos de oxovanádio(II) foram estudados quanto à atividade antibacteriana in vitro contra quatro bactérias gram-negativas (*Escherichia coli, Shigellaflexenari, Pseudomonas aeruginosa, Salmonellatyphi)* e duas estirpes bacterianas gram-positivas (*Staphylococcus aureus, Bacillus subtilis)*, atividade antifúngica in vitro contra *Trichophytonlongifucus*, *Candida albican, Aspergillusflavus, Microscopumcanis,*

Fusariumsolani e *Candida glaberata*. As bases de Schiff simples mostraram uma atividade mais fraca a significativa contra uma ou mais estirpes bacterianas e fúngicas. Na maioria dos casos, a maior atividade foi exibida após a coordenação com o metal Vanádio(IV) [115].

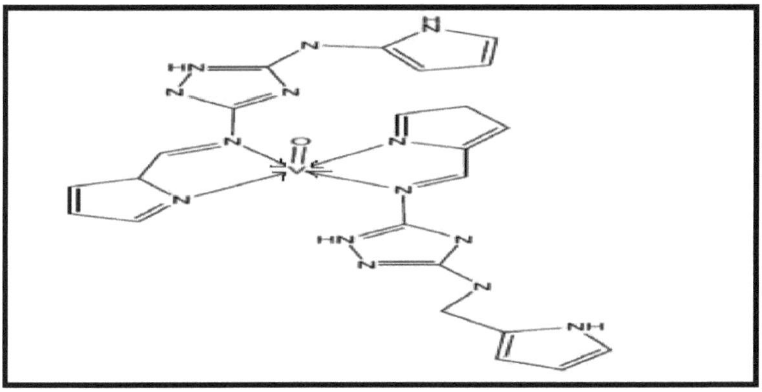

Figura (1-44): Complexo de base de Schiff de oxovanádio([])-triazol

Patel, et al(2010)[116], conceberam novos complexos homodinucleares de Zn(II) com os fármacos antibacterianos quinolonas Ciprofloxacina, ver Figura (1-45), e foram sintetizados ligandos bidentados neutros. As eficiências dos ligandos e dos complexos foram testadas contra três microrganismos gram(-ve), *E. coli,* S. *merscences*, P. *aeruginosa*, e dois gram(+ve), *S. aureus*, *B. subtilis.* A partir da experiência, verificaram que todos os complexos metálicos eram mais activos do que os sais metálicos e os ligandos.

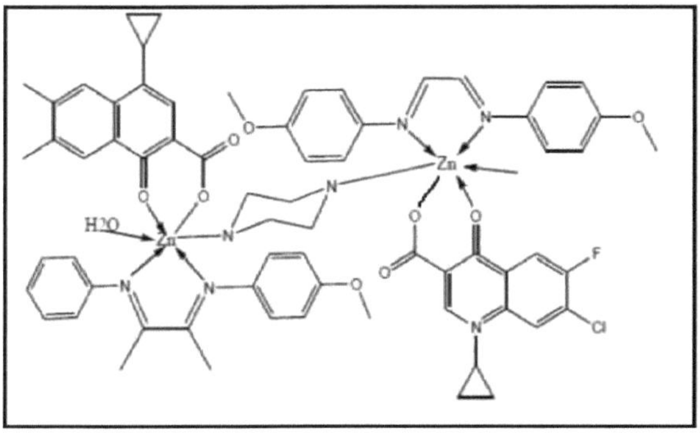

Figura (1-45): Zinco(II) homodinuclear +quinolona antibacteriana Ciprofloxacina

Uma série de primeiros complexos de Co(II), Ni(II), Cu(II), Mn(II) e Fe(III) foram sintetizados com bases de Schiff derivadas de isatina monohidrazona e fluvastatina, ver

Figura (1-46).As bases de Schiff e os seus complexos, ver Figuras (1-47) e (1-48), foram analisados quanto às suas actividades antibacterianas in vitro (*Escherichia coli, Staphylococcus aureus, Pseudomonas aeruginosa* e *Bacillus subtilis*) e antifúngicas (*Aspergillusniger* e *Pencillium Chrysogenum*) pelo método da concentração inibitória mínima (CIM).

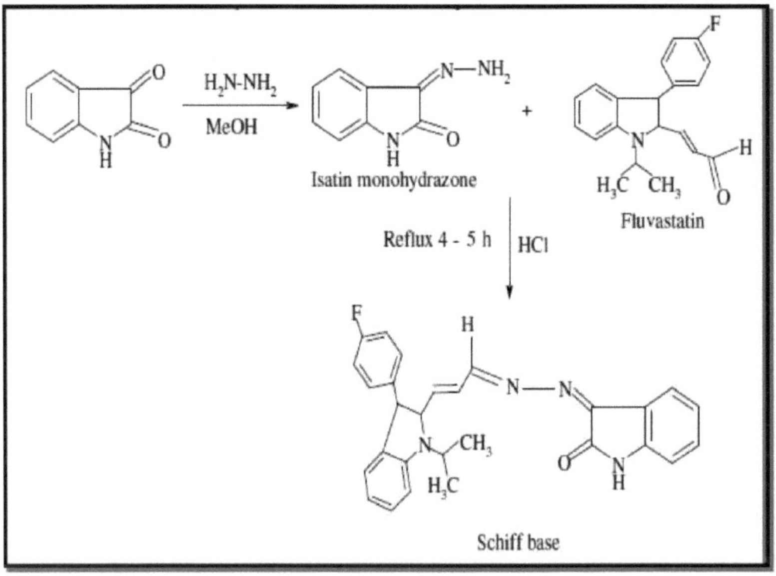

Figura (1-46): Síntese da base de Schiff

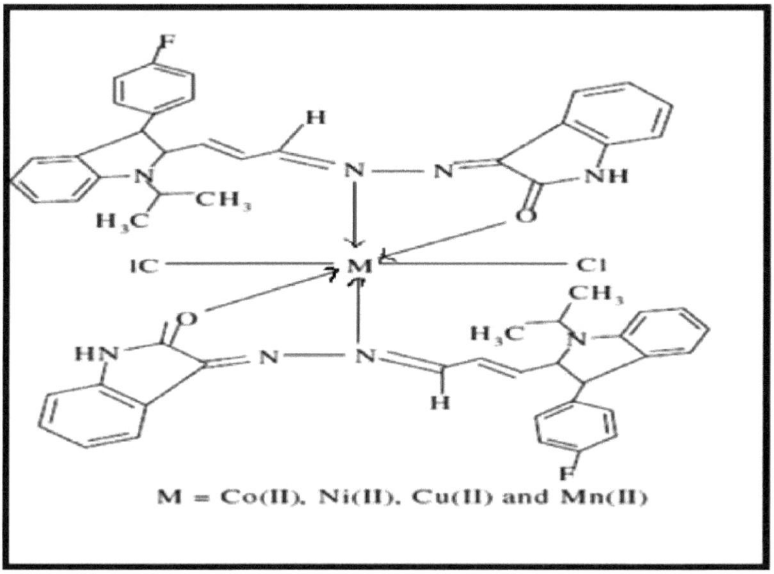

M = Co(II), Ni(II), Cu(II) and Mn(II)

Figura (1-47): Estrutura dos complexos metálicos

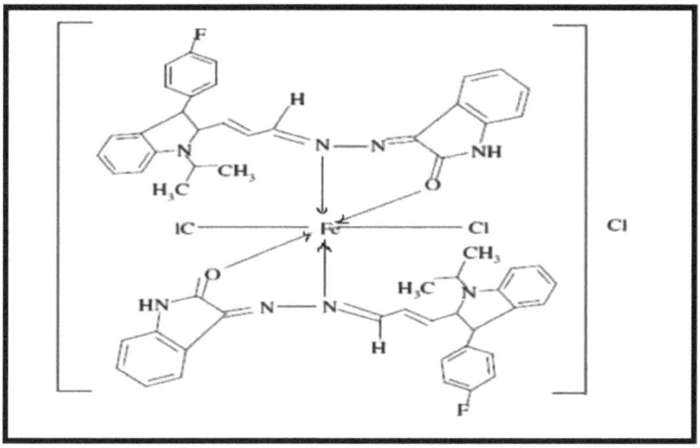

Figura (1-48): Estrutura do complexo de Fe(III)

Taghreed et al. (2012)[118],relataram a síntese e caraterização da base de Schiff tridentada (HL) contendo (N e O) como átomos doadores do tipo (ONO). O ligante é: (HL) fenil (HL) fenil 2-(2-hidroxibenzilidenamino) benzoato Figura (1-49) . Este ligando foi preparado pela reação de (fenil-2-aminobenzoato) com salicilaldeído sob refluxo em etanol e algumas gotas de ácido acético glacial, o que deu origem ao ligando (HL). O ligando preparado foi caracterizado por espetroscopia (FT- IRUV- Vis), análise elementar de carbono, hidrogénio e azoto (C.H.N.) e ponto de fusão. O ligando foi reagido com alguns iões metálicos sob refluxo em etanol com uma razão molar de (1 metal :2 ligando) que deu origem a complexos de fórmula geral:

Os produtos $[M(L)_2]Cl$, M = Cr (III) ,La ((III)) e Pr(III) foram encontrados como complexos sólidos cristalinos, que foram caracterizados através das seguintes técnicas: condutividade molar ,método espetroscópico ,[FT-IR e UV-Vis], medidas adicionais de suscetibilidade magnética, teor de cloreto e programa,[Chem. office-CS. Chem.-3D pro 2006],foi utilizado. A investigação inclui também o estudo da bioatividade do ligando e do $[La(L)_2]Cl$, alguns compostos preparados contra um tipo de bactérias, três das quais eram negativas ao corante de gram *(Proteus mirabilis, Klebsiella pneumonia, Escherichia coli*), e uma era positiva ao corante de gram (*Staphylococcus aureus*). O $[La(L)_2]Cl$, mostrou atividade inibidora contra algumas das bactérias em consideração. O momento magnético, juntamente com os espectros electrónicos, sugerem uma geometria octaédrica para todos os complexos.

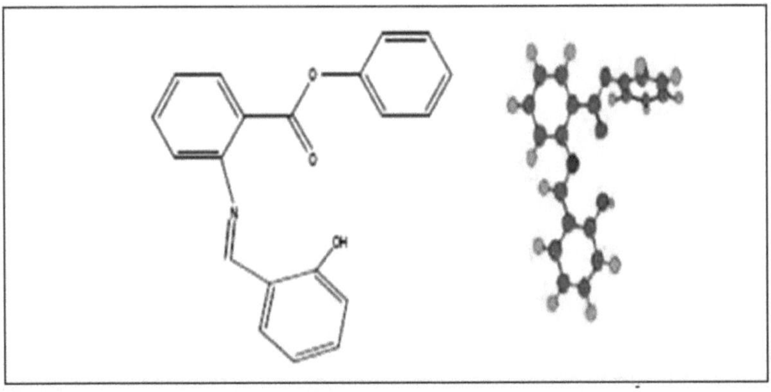

Figura (1-49): Estrutura química do benzoato de fenilo 2-(2-hidroxibenzilidenamino) (HL)

Taghreed et al. (2013) [119], relataram um novo ligando de base de Schiff (Z)-7-(2-(4-(dimetilamino)benzilidenoamino)-2-fenilacetamido)-3-etil-8-oxo-5-tia-1-azabiciclo,[4.2.0].oct-2-eno-2-carboxílico = (HL)foi preparado através da condensação de Cefalexina e 4-dimetilamino) benzaldeído em metanol. Os complexos de ligandos mistos polidentados foram obtidos a partir de reacções de razão molar 1:1:2 com iões metálicos e HL, 2NA em reação com MCl_2 .nH_2 O sal produz complexos correspondentes às fórmulas[M(L)(NA)$_2$ Cl] ,onde M(II) =Fe(II),Co(II),Ni(II),Cu(II)e Zn(II) e NA=Nicotinamida .

A[1] H-NMR, FT-IR, UV-Vis e a análise elementar foram utilizadas para a caraterização do ligando. Os complexos foram estudados estruturalmente através de A.A.S, FT-IR, UV-Vis, teor de cloreto, condutância e medidas de suscetibilidade magnética. Todos os complexos são não electrólitos em solução de DMSO. Octaédrico

foram sugeridas geometrias para cada um dos complexos. Ver Figura (1-50).

Cephalexin . H_2O + 4-(dimethylamino)benzaldehyde

MeOH | Reflux 5 hours

(HL)

(Z)-7-(2-(4-(dimethylamino)benzylideneamino)-2-phenylacetamido)-3-methyl-8-oxo-5-thia-1-azabicyclo[4.2.0]oct-2-ene-2-carboxylic acid

Figura (1-50): Representação esquemática da síntese do ligando do ácido(Z)-7-(2-(4-(dimetilamino) benzilidenoamino)-2-fenilacetamido)-3-metil-8-oxo-5-tiazabiciclo,[4.2.0].oct-2-eno-2-carboxílico

Taghreed et al (2013)[120], relataram novos complexos de ligandos mistos de iões metálicos bivalentes, viz; M(II) = Co(II), Ni(II), Cu(II) e Zn(II) da composição ,[M(Ceph)(NA)$_3$] Cl em 1:1:3, (onde Ceph = Cefalexina e NA = Nicotinamida) foram sintetizados e caracterizados por determinação repetida do ponto de fusão, solubilidade, condutividade molar, determinação da percentagem do metal nos complexos por chama (A. A.S), FT-IR, e por análise de fluorescência.A.S), FT-IR, medidas de suscetibilidade magnética e dados espectrais electrónicos. Os ligandos e os seus complexos metálicos foram analisados quanto à sua atividade antimicrobiana contra seis bactérias gram (+ve) e gram (-ve). Ver Figura (1-51).

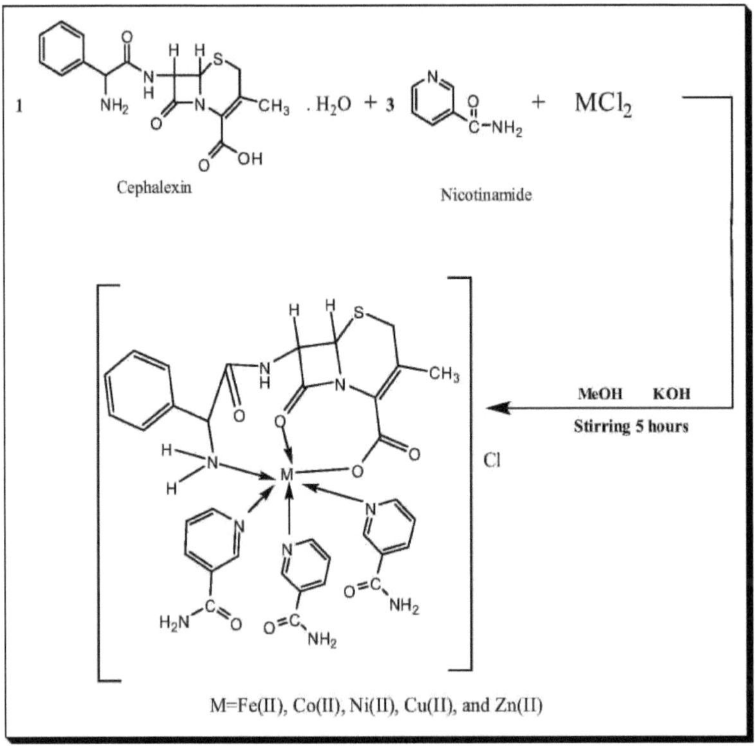

Figura (1-51): Representação esquemática da síntese de [M(Ceph)(NA)3]Cl

Referências

[1]Vashi R T, Patel S B & Kadiya H K , Der Pharma Chemica , (2010) (1),109-116.

[2] Vashi R T & PatelChe CM e Siu FM.Curr Opin Chem Biol (2010)(14) ,255261.

[3]Vashi R T & Shelat C D , Asian J Chem. (2010), 22(3) ,1745-1750.

[4] Chohan ZH, Scozzafava A, Supuran CT. Journal of Enzyme Inhibition and Medicinal hemistry *.(2003);18(3):259-263.*

[5] Sete MJ, Johnson LA. *Metal Binding in Medicine*. 4th ed. Philadelphia, Pa: Lippincott; (1960).

[6] Patel VK, Vasanwala AM, Jejurkar CN. Jornal Indiano de Química. (1989); 28A:719.

[7] Hariprasath K, Deepthi B, Sudheer BI, Venkatesh P, Sharfudeen S e Soumya V. Uma revisão. J Chem Pharm Res. (2010); 2(4):496-499

[8] Loo C, Lin A, Hirsch L, Lee MH, Borton J, Halas N, West J e Drezek R.. J, Tech Cancer Res Treat. (2004);3 :33-40.

[9] Aderoju A.O., Ingo O., Oladunni M. Síntese, Espectroscopia, Propriedades Anticancerígenas e Antimicrobianas de Alguns Complexos de Metal(II) de Base de Schiff de Nitrofenol (Substituído). Int. J. Inorg. Chem.,(2012),(23), 1-6,

[10] Naz N.; Iqbal, M. Z., *J. Chem. Soc. Pak.,* (2009), 31, *440-446*

[11] Hiromusakurai K e Yusuke J,. Adachi,(2006), 18 (4), 319-323.

[12] March J., *Advanced Organic Chemistry , Reactions , Mechanisms , And Structures , 4th Ed* , Megraw-Hill , International Book Co. , John Wiley And Sons , New York ,(1992),P.A-896 B -918 .

[13] Anacona J.R., J., Trans. Metal Chem, (2006)31, 227-231.

[14] Choi KY, Lee HO, Kim YS, Chun KM, Lee KC, Choi SN, Hong CP e Kim YY. J., Inorg Chem Commu.(2002);5:496-500.

[15] Suresh M.S. e Prakash V., International J., Physical Sciences (2010). 5(14), 2203-2211.

[16] Sivagamasundari M e Ramesh R. J,. Spectrochim Ata Mol Biomol Spect. (2007); 67: 256-62.

[17] Osowole A.A. e Akpan E. J,. European Applied Sciences,(2012),4 (1): 14-20.

[18] Raj Kaushal, Sheetal Thakur, J, Transacções de Engenharia Química, (2013). 32, 23-35

[19] Joseyphus R.S., Nair M.S. J,.Mycobiology, (2008),36, 93-98.

[20] Nair MS, Arish D e Joseyphus RS, J,. Saudi Chem Soc.2012;16:83-88.

[21] Purohit S.S., Microbiology: Fundamentals And Applications,' Agrobios, India, (2006), 7th Rev. Ed, 765-766.

[22] Molstad S, Lundborg CS, Karlsson AK, Cars O.. J,. Escandinavo de Doenças Infecciosas. (2002) 34: 366-371.

[23] Holten KB, Onsuko EM. J,. American Family Physician. (2000). 62: 611-620.

[24] Zahid Chohan H. e Maimoon F. Jaffery, J,. Metal Based Drugs, (2000). 7(5),.45-54.

[25] Crowder MW, Spencer, Je Vila A ,J. Acc Chem Res. (2006); 39:721

[26] Page MI e Badarau A. ,J. Bioinorg. Chem Appl. (2008);23: 1-14.

[27] Chartone SE, Loyola TL, Bucclarelli RW, Menezes MA, Rey NA e Pereira ME. J . Inorg Biochem. (2005); 99:1001-08.

[28] Pranay G, ,J. Chem Tech Res. (2009); 1, 552-54.

[29] Mederios A. A., (2009);.vol. 24, No. 1, suplemento,19- 45.

[30] Bello H., Dominguez M., Gonzalez G., J, .Antimicrobial Chemotherapy, (2000), 45(5), 712-713.

[31] Chambers H. F. e Sachdeva M., J., Infectious Diseases, (1990), 161,(6), 11701176.

[32] Hackbarth C.J., Kocagoz T., Kocagoz S., e Chambers H. F.,J,. Antimicrobial Agents and Chemotherapy,(1995). 39, (1),103-106.

[33] Anacona, JR e Rodriguez I. J., Coord Chem. (2004); 57, 1263-69.

[34] Anacona, J.R. e H. Rodriguez, J., Coord Chem, (2009), 62, (13), 2212-2219.

[35] Anacona J. R. e Silva G. Da, J., Chilean Chemical Society, (2005)50, (2), 447-450.

[36] Anacona J. R. e Alvarez, P., Transition Metal Chemistry, (2002), 27(8), 856860.

[37] Anacona, J. R. e Serrano Jd., J,. Coord Chem. Química, (2003), 56, (4), 313-320.

[38] Anacona , J. R. e Rodriguez, A. J,. Química dos Metais de Transição, (2010) 30, (7), 897-901.

[39] Anacona J. R. e Brito L., J., Latin American Pharmacy, (2011), 30, (1), 172.

[40]Anacona J. R. and Maried Lopez Hindawi Publishing Corporation International J,. Inorganic Chemistry (2012),6 , 1-8 .

[41] Jezowska BM... J Inorg Biochem. (2001), 84, 189- 200.

[42] Jezowska BM, Bal W e Kozlowski H. A canamicina revisitada: J., Inorg Chim Ata. (1998); 275-276: 541-45.

[43] Nadia EA. J, Spectrochimica Ata Part A: Mole Biomole Spect. (2011); 82: 414- 23.

[44] Efthimiadou EK, Katsarou ME, Karaliota A e Psomas G,.J,.Inorg Biochem.(2008); 102: 910-20.

[45] Somia Gul, Najma Sultana, M. Saeed Arayne, Sana Shamim, Mahwish Akhtar, e Ajmal Khan , J,.Chemistry (2013), 1, 1-12

[46] Patel MN, Gandhi DS e Parmar PA. J,. Inorg Chem Commu. (2010); 13: 618- 621.

[47] Upadhyay SK, Kumar P e Arora V. J,. Stru Chem. (2006); 47: 1078-83.

[48] Marija Z, Iztok T e Peter B. Turk J Biol. (2001); 74, 61-74.

[49] BB Subudhi; PK Panda; S Sahoo. Ir. J. Pharm.l Sci., 2007, 3, 245-250.

[50] M Huang; SX Xie; Ye QZ; RP Hanzlik; Ma ZQ. J,. Bio. Chem. Biophys. Res. Commun., (2006), 339, 506-513.

[51]Raheem Taher Mahdi , Taghreed H. Al-Noor ,Ahmed H, J,. Avanços em Teorias e Aplicações de Física www.iiste.org (2014)18, 8-19.

[52] Sadeek AS; J. Mole. Str., (2005), 753, 1-12.

[53] Jezowska BM. J ,Inorg Biochem. (2001); 84: 189-200.

[54] Sausville EA, Stein RW, Peisach J e Horeitz SB. J,. (1978); 17: 2746-54.

[55] Sweetman, Sean C., 1ed. "*Antibacterials*". Martindale: The complete drug reference (36th ed.). London: Pharmaceutical Press. (2009).

[56] Sneader, Walter." *Cephalosporin analogues*". Drug discovery: a history. 1ed , New York: Wiley,(2005).

[57] David J. Ager, David P. Pantaleone, Scott A. Henderson, Alan R. Katritzky, Indra Prakash, D. Eric Walters J,.Angewandte Chemie International Edition (1998). 37, 1802.

[58] Gert-Wolfhard von Rymon Lipinski "*Sweeteners", Ullmann's Encyclopedia of Industrial Chemistry*, Weinheim. Wiley-VCH. (2003).

[59] Ircar, D.; Mitra, A. J,. Plant Physiology, (2008),165 (4): 407-414.

[60] Pitman, I. H. Dawn, H.S. Higuchi T., e Hussain A. A., J. Chem. Soc., B, (1969), 1237-1239.

[61] Bart J. C. J., J. Chem. Soc., B, (1968), 7 - (9) 376.

[62] Okaya,Y., J. Ata Cryst . (1969), B25, 2257.

[63] Ainscough, B.W.; Baker, E.N.; Brodie , A.M.; Cresswell, R.J.; Ranford, J.D., ., J. Inorg Chimica Ata, (1990). 192, 185.

[64] Brien Nabors , O e Gelardi R. C., "*Alternative Sweeteners*", 2ª ed., Nova Iorque Marcel Dekker Inc., (1991).

[65] Borowski ,A.F. e Cole-Hamilton , D.J. , Polyhedron , 12,1757 (1993) .

[66] Magri, A.D.; D'ascenzo, G.; Cesaro, S.N.; Chiacchierini, E., J.; Thermochim. Ata, (1980), 36, 279.

[67] Zaki S. Seddigi, Afroza Banu, e G. M. Golzar Hossain, The Arabian Journal for Science and Engineering, (2007) 32, (2A), 181.

[68]Zhang,. J. Li, Y. Lin, W. Liu, S., J. Huang, Polyhedron, (1992), 11, 419.

[69] Zhang, J. Li Y., Lin, W. Liu, J. S. Huang, J. Cryst. Spec. Res. (1992), 22, 433

[70] Liu, J. Huang, J. Li, W. ., Lin, J. Ata Crystall ogr. (1991), C47, 41.

[71] Ke, J. Li, Y. Wang, Q. Wu X., J. Cryst. Res. Technol. (1997), 32, 481.

[72] Çakir S, Bulut, Ì Naumov, P Biçer E, (2001), 560, (1-3), 29 de janeiro 1-7.

[73] Çakir, Bulut Si , J. Electroanalytical Chemistry, (2002), 518, (1), 11 de janeiro 41-46

[74] Teleb, S.M., J.Argentine Chemical Society, (2004), l(92), 31-40

[75] Starynowicz, P.; Ata Crystallogr., Sect. C: Cryst. Struct. Commun. (1991), 47, 2063

[76] Piro, O. E.; Castellano, E. E.; Baran, E. J.; Z. Anorg. Allg. Chem., (2002), 3, 612-628.

[77] Henderson, W.; Nicholson, B. K.; McCaffrey, L. J.; Inorg. Chim. Ata (1999), 285, 145.

[78] Cotton, F. A.; Falvello, L. R.; Llusar, R.; Libby, E.; Murillo, C. A.; Schwotzer, W.;

Inorg. Chem. (1986), 25, 3423.

[79] Quinzani, O. V.; Tarulli, S.; Marcos, C.; Garcia Granda, S.; Baran, E. J.; Z. Anorg. Allg. Chem. (1999), 625, 1848.

[80] Naumov, P.; Jovanovski, G.; Ristova, M.; Abdul Razak, I.; Çakir, S.; Chantrapromma, S.; Fun, H. K.; Ng, S. W.; Z. Anorg. Allg. Chem.(2002), 628, 2930.

[81] Falvello, L. R.; Gomez, J.; Pascual, I.; Tomâs, M.: Urriolabeitia, E.; Schultz, A. J.; Inorg. Chem. (2001), 40, 4455.

[82] Baran, E. J.; Wagner, C. C.; Rossi, M.; Caruso, F.; Z. Anorg. Allg. Chem. 2000, 626, 701.

[83] . Jovanovski, G.; Hergold-Brundic, A.; Kamenar, B.; J.;Ata Crystallogr., Sect.C: Cryst. Struct. Commun. 1988, 44, 63.

[84] Alfaro, N. M.; Cotton, F. A.; Daniels, L. M.; Murillo, C. A.; J.; Inorg. Chem. (1992), 31, 2718.

[85] Cotton, F. A.; Wilkinson, G.; Murillo, C.; Bochmann, M "*Advanced Inorganic Chemistry*" 6th 3ed., J. Wiley & Sons, New York, (1999).

[86] Starynowicz, P.; Ata Crystallogr., Sect. C: Cryst. Struct. Commun.(1991), 47, 2063.

[87] Quinzani, O. V.; Tarulli, S. H.; Garcia-Granda, S.; Marcos, C.; Baran, E. J.; Cryst. Res. Technol. (2002), 37, 1338.

[88] . Naumov, P.; Jovanovski, G.; Drew, M. G. B.; Ng, S. W.; J.; Inorg. Chim. Ata, (2001), 314, 154.

[89] Deng, R. M. K.; Dillon, K. B.; Goeta, A. E.; Mapolelo, M.; J.; Inorg. Chim. Ata (2001), 315, 245.

[90] Yilmaz, V. T.; Guney, S.; Andac, O.; Harrison, W. T. A.; J.; Ata Crystallogr., Sect. C: Cryst. Struct. Commun. (2002), 58, M427.

[91] Yilmaz, V. T.; Guney, S.; Andac, O.; Harrison, W. T. A.; J.; Polyhedron (2002),21, 2393.

[92] Hergold-Brundic, A.; Grupce, O.; Jovanovski, G.; Ata Crystallogr., Sect. C: Cryst. Struct. Commun. (1991), 47, 2659.

[93] Dillon, K. B.; Bilton, C.; Howard, J. A. K.; Hoy, V. J.; Deng, R. M. K.; Sethatho, D. T.; Ata Crystallogr., Sect. C J.; Cryst. Struct. Commun. (1999), *55*, 330.

[94] Deng, R. M. K.; Bilton, C.; Dillon, K. B.; Howard, J. A. K.; *Ata* Crystallogr., Sect. C: J.; Cryst. Struct. *Commun.(* 2000), *56*, 142.

[95] Li, J.; Sun, J.; Chen, P.; Wu, X.; J.; Cryst. Res. Technol. (1995), 30, 353.

[96] Andac, O.; Topcu, Y.; Yilmaz, V. T.; Guven, K.; Ata Crystallogr., Sect. C: J.; Cryst. Struct. Commun. (2001), 57, 1381.

[97] Jovanovski, G.; Naumov, P.; Grupce, O.; Kaitner, B.; Eur. J.;. Solid State Inorg. Chem. (1998), 35, 579.

[98] Andac, O.; Guney, S.; Topcu, Y.; Yilmaz, V. T.; Harrison, W. T. A.; Ata Crystallogr., Sect. C: Cryst. Struct. Commun. (2002), 58, M17.

[99] Williams, P. A. M.; Ferrer, E. G.; Baran, E. J.; Piro, O. E.; Ellena, J.; Castellano, E. E.; J. Argent. Chem. Soc. (2002), 90, 109.

[100]Castellano, E. E.; Piro, O. E.; Paraj ón-Costa, B. S.; Baran, E. J.; Z. Naturforsch., B: Chem. Sci. (2002), 57, 657

[101]Williams, P. A. M.; Ferrer, E. G.; Baran, E. J.; Piro, O. E.; Castellano, E. E.; . J.; Z. Anorg. Allg. Chem. (2002), 628, 2044.

[102]Ferrer, E. G.; Etcheverry, S. B.; Baran, E. J.; Monatsh. Chem. (1993), *124*, 355.

[103]Shihab A.O. Al-Dury e Subhi A. Al-Jibori , J.; Oriental Journal Of Chemistry , (2012), 28, (2). 781-786 .

[104]Fayad, N.K. Taghreed H. Al-Noor e Ghanim , F.H , J.; Advances in Physics Theories and Applications ,(2012) 9, 201,1-10.

[105]Azza A.A. Abou-Hussein , Wolfgang Linert , . J.; Spectrochimica Ata Part A: Molecular and Biomolecular Spectroscopy, (2012), 95, 596-609.

[106]Sobha S., Mahalakshmi R., Raman N, . J.; Spectrochimica Ata *Part A*. 92 175-183, (2012).

[107]Madhavan Sivasankaran Nair , Dasan Arish, Raphael Selwin Joseyphus . J.; . J.; Saudi Chemical Society (2012),16, 83-88.

[108]Neelakantana M.A., Rusalraj F., Dharmarajaa J., S. Johnsonraja, Jeyakumar T., M. Sankaranarayana Pillai, . J.; Spectrochimica Ata Part A, (2008) 71, 1599-1609.

[109]Hasti Iranmanesh, Mahdi Behzad, Giuseppe Bruno, Hadi Amiri Rudbari, Hossein Nazari, Abolfazl Mohammadi, Omid Taheri. J.; Inorganica Chimica Ata, (2013) . 395, 81-88.

[110]Govindaraj Saravanan, Veerachamy Alagarsamy, Chinnasamy Rajaram Prakash J.; Saudi Chemical Society, (2011). 3 (5), Set.-Out.

[111]Noor-ul H. Khana, Nirali Pandya, Rukhsana I. Kureshy, Sayed H.R. Abdi, Santosh Agrawal, Hari C. Bajaj, Jagruti Pandya, Akashya Gupte, J.; Spectrochimica Ata.(2009). Parte A. 74, 113-119.

[112]Zhi-hong Xu, Xiao-wei Zhang, Wan qiang Zhang, Yuan-hao Gao, Zheng-zhi Zeng J.; Inorganic Chemistry Communications...(2011), 14 1569-1573.

[113]Thirunarayanan, G., Vanangamudi, G. J., Indian Chem. (2011).50 (4), 593 - 604.

[114]Javed Sheikh, Harjeet Juneja, Vishwas Ingle, Parvez Ali, Taibi Ben Hadda, , J.; Saudi Chemical Society, (2011) 17, (3), 20-27

[115]Zahid H. Chohan, Sajjad H. Sumrra, Moulay H. Youssoufi, Taibi B. Hadda, J.; European Journal of Medicinal Chemistry. (2010). 45, 2739-2747.

[116]Patel, M.N. Chhasatia, M.R. Dosi, P.A. Bariya, H.S. Thakkar. V.R. J.; Polyhedron. (2010), 29, 1918-1924.

[117]Ajaykumar D. Kulkarni, Sangamesh A. Patil1, Prema S. Badami , Int. J. Electrochem. Sci., 4 (2009), 717 - 729.

[118]Taghreed H. Al-Noor, Sajed. M. Lateef e Mazin H. Rhayma, J.Chemical and Pharmaceutical Research,(2012), 4(9):4141-4148

[119]Taghreed H. Al-Noor, Ahmed . T. AL- Jeboori , Manhel Reemon , J.Chemistry and Materials Research ,(2013),.3 (3), 114-124

[120]Taghreed H. Al-Noor, Ahmed T.AL- Jeboori, Manhel Reemon,(2013) J. Advances in Physics Theories and Applications.18(1), 1-10.

Printed by Books on Demand GmbH, Norderstedt / Germany